中原建筑大典

21世纪公共建筑

河南科学技术出版社·郑州

（2001—2010）

SELECTED ARCHITECTURE IN CENTRAL CHINA

• Public Architecture in the 21st Century •

总 顾 问　赵建才
主　　编　刘洪涛
分册主编　张建涛

图书在版编目(CIP)数据

中原建筑大典．21世纪公共建筑 / 刘洪涛主编；张建涛分册主编．—郑州：河南科学技术出版社，2013.6
ISBN 978-7-5349-5668-3

Ⅰ．①中… Ⅱ．①刘… ②张… Ⅲ．①公共建筑－建筑设计－河南省 Ⅳ．①TU-8

中国版本图书馆CIP数据核字(2012)第094991号

中原建筑大典 · 21世纪公共建筑

总 策 划	李喜婷
策划编辑	顾 苒
责任编辑	董 涛
责任校对	李淑华
书籍设计	赵 钧
出版发行	河南科学技术出版社
地 址	郑州市经五路66号
邮 编	450002
电 话	(0371) 65737028 65788633
网 址	www.hnstp.cn
经 销	全国新华书店
印 刷	郑州新海岸电脑彩色制印有限公司
开 本	635 mm × 965 mm 1/8
印 张	56.5
版 次	2013年6月第1版
印 次	2013年6月第1次印刷
书 号	ISBN 978-7-5349-5668-3
定 价	700.00元

《中原建筑大典》编纂委员会

《中原建筑大典·21世纪公共建筑》编委会

总序一

《中原建筑大典》成书付梓，深感振奋。这部沉甸甸的作品是新中国成立以来我省第一部综合反映建筑成果的大型资料性图书，意义非常。河南省住房和城乡建设厅、河南省土木建筑学会、河南科学技术出版社和各省辖市住房城乡建设主管部门的专家、学者及建设行业的工作者通力协作，以古今中原建筑为主题，书海修行，悉心编纂。可以说，《中原建筑大典》集资料性、艺术性、知识性、可读性于一体，为全省建设行业奉献了一部可读可鉴的古代、近代与现代建筑成果的集大成之作，为我省广大建设者提供了一面了解历史、展望未来的镜子。

建筑艺术是人类文明的集中体现，直接反映地域特点、生产力水平和文明程度。河南地处中原，是中华文明的重要发祥地之一，勤劳智慧的中原人民创造了辉煌灿烂的中原文化，也创造了美轮美奂的建筑作品。新中国成立以来，尤其是改革开放以来，河南省经济社会发展取得了长足的进步，建筑业紧紧围绕全省经济社会发展大局，抢抓行业发展机遇，持续保持快速增长势头。2012 年全省建筑业年产值突破 6 000 亿元，建筑业增加值占全省 GDP 的 5.5%，建筑业成为全省国民经济的重要支柱产业，河南也跻身全国建筑大省之列。在建筑业大发展的时代，我省建筑创作日益繁荣，施工水平不断提升，建筑科技创新能力不断增强，工程质量显著提高，不少建筑作品在继承中创新，在创新中发展，优秀建筑作品不断呈现。《中原建筑大典》的编纂出版正当其时，这部大典是河南这个文化大省、建筑大省伟大成就的缩影，是河南建筑业大发展的力证。

当前，中原经济区已上升为国之方略，世人瞩目。建设美丽中原的宏伟蓝图已经绘就，在加快信息化进程中持续探索"两不三新""三化"协调科学发展的路子已经确定，新型城镇化引领城乡统筹发展的进程正在加快，建筑业天地广阔，大有可为。希望全省建设行业的同人，在建筑领域深入研究，认真思考，大力繁荣建筑创作，兼容并蓄，博采众长，努力构建具有中原地域特色的现代建筑文化；贯彻落实质量兴省战略，推动建筑科技创新，努力提高建筑产品质量水平，提升城乡建设品质；大力推广绿色节能建筑，倡导生态低碳的生活方式，让古老的中原大地成为具有田园城市风格的大都市区和“三化”协调科学发展示范区，在全面建成小康社会，加快推进中国特色社会主义建设的征程上谱写中原崛起新篇章。

河南省人民政府副省长　赵建才

总序二

建筑是人类物质文明和精神文明的综合产物，除构筑生活空间外，还在人类发展史中起着表达与传递、传承与发展共同记忆和民族文化遗产的重要作用。伟大的建筑一如伟大的文学作品，能触动人类灵魂深处的情愫。一部建筑史也是一部人类文明的进步史，它体现了历史发展的轨迹，承载着人们的记忆和感情。

不同地域、不同族群的建筑，展示着各自独特的历史轨迹与文化背景。中原作为华夏文明的核心传承区，其悠久灿烂的历史文化和广袤的地域造就了绵延千年、丰富多彩的建筑文化，在中国建筑史上具有不可替代的突出地位。七千年前的裴李岗文化、仰韶文化遗址表明建筑先于文字存在，也有力说明了中原建筑诞生之早。中原大地上的都城建筑、宫廷建筑、寺庙建筑、民间建筑异彩纷呈、争奇斗艳，长期处于中国建筑的主流位置，代表了当时的最高水平。自商迄宋历朝历代宏伟庞大的中原古都，世界文化遗产龙门石窟和“天地之中”历史建筑群，象征中华祖先的炎黄巨塑，缅怀先烈革命精神的二七纪念塔，各具特色的民居，郑东新区拔地而起的高楼大厦……都是我们引以为豪的突出成就，是河南对中华文明发展所作出的杰出贡献，是中原儿女勤劳智慧的生动体现。为发掘、研究、继承和发扬河南由古至今的建筑成果，我提议并组织编纂了这部《中原建筑大典》，以飨读者。

翻开《中原建筑大典》的目录，可以看到，它收录的有千年古刹，有百年祠庙，有具有显著地域文化特征的城市标志性建筑，有具有革命意义和特殊价值的优秀历史建筑、名人故居，有融合中外文化特色的代表性建筑，也有低碳环保的宜居建筑，其中不乏获得詹天佑奖、鲁班奖等省、部级以上大奖的知名建筑。这些古今建筑集中反映了中原地区的文化、科技、艺术和劳动人民的创造精神，是一笔宝贵的精神财富。

《中原建筑大典》集中反映了中原历代建筑的特色和风格，并牢牢把握了时代脉搏和发展趋势，显示了中原建筑文化锐意进取的态势。诚如建筑大师梁思成所言：“建筑之规模、形体、工程、艺术之嬗递演变，乃其民族特殊文化兴衰潮汐之映影，一国、一族之建筑适反鉴其物质、精神继往开来之面貌。”古代中原建筑的辉煌自不待言——披沙拣金、优中选精的《古代建筑》已概略地展示了这一点。19 世纪下半叶至 20 世纪上半叶的百年，受制于外侮内弱、国力衰竭，建筑发展几近停滞。至清末民初，才零星有了对西方建筑吸纳的作品出现；新中国成立后土木兴盛，也曾产生了一些精品佳作；20世纪80年代改革开放以来，城市建设突飞猛进。《20世纪建筑》很好地记录了中原地区建筑从对西方建筑的吸纳、自主创作的萌芽到不断创新发展的过程。而服务于当代社会活动、人民生活的《21世纪公共建筑》《21世纪居住建筑》则反映了自改革开放以来建筑产业迅速推进、城市化水平逐年提升、建筑产品如雨后春笋蓬勃成长的良好局面。整套书力求反映出中原建筑的古今辉煌和传承创新。

建筑的重要意义在于，它不单为人们提供栖身之所，还是城市、乡镇和各种文化场所的组成单元，它存在于环境、生活、经济发展之中，又反过来影响环境的营造、生活的构建、经济的发展，还影响着人们的思维习惯、行为模式和生活方式。它能鼓舞人、激励人，让人们去热爱自己的城市，热爱自己的家园，并为之付出劳动和智慧。我们在加快中原经济区建设、推进新型城镇化的进程中，绝对不能忽略文化建设，要把文化发展与整个经济社会发展结合起来，把文化软实力的提升与综合实力的提升结合起来。我们希望，《中原建筑大典》的编纂出版，能够对弘扬中原建筑文化、提升城市品质、保护历史文脉、留住城市记忆、推进中原经济社会发展起到应有的作用和贡献。

河南省住房和城乡建设厅厅长、工学博士、研究员　　刘洪涛

总序三

《中原建筑大典》是由河南省住房和城乡建设厅发起，河南省土木建筑学会与郑州大学建筑学院、河南博物院和河南科学技术出版社等单位合作，组织有关专家、学者、研究人员共同编纂的一部全面总结和反映河南省从古至今建筑成就的大型图书。这部套书以时间为分卷标准，兼顾功能、属性，形成《古代建筑》《20 世纪建筑》《21 世纪公共建筑》《21 世纪居住建筑》四个分卷，于 2013 年出版。

《中原建筑大典》由河南省人民政府副省长赵建才担任总顾问；河南省住房和城乡建设厅厅长刘洪涛任主编；河南省住房和城乡建设厅设计处、规划处、建管处、房产处、城建处等处室领导，河南省 18 个地市的建委、规划、房管部门领导和当地规划设计院院长任编纂委员；来自河南全省的一批权威专家主持各书的编写。到目前为止，这是第一部以中原建筑为对象的规模最大、成果最前沿、资料最翔实、图片最丰富的套书。

对本省、本地区的物质及非物质文化遗产进行挖掘、整理、保护和继承是当今的一大趋势。长期以来，河南省社会各界特别是建筑领域的专家、学者、建设者都强烈希望并积极倡议将中原地区数千年来的优秀建筑作品及有关资料汇编成书，以供当代人研究、回味，供后来人借鉴、参考，为促进河南城乡建设的跨越式发展作出应有的贡献。这项工作得到了河南省住房和城乡建设厅、各省辖市主管部门及河南科学技术出版社的全力支持。在赵建才副省长、刘洪涛厅长的具体指示和明确要求下，《中原建筑大典》套书编纂委员会迅速成立，编纂、出版《中原建筑大典》的工作顺利展开。

自套书编纂委员会成立三年来，各界专家召开了多次学术会议，就《中原建筑大典》的定名、定位、定性问题和分卷、分类原则以及各卷的框架结构等进行了深入细致的探讨，达成了广泛的一致。

一部图书的定名与定位，直接反映着该书的内涵与指向，也蕴含着对时间与地域的划分，对这样一部反映河南建筑发展历史与现状的图书而言，更是如此。本书的定名，曾有诸多争议，主要集中于两个问题：一是地域冠名；一是应该叫“大典”还是“大观”“选编”，或别的名称。直观理解，“河南建筑”更为贴切，意指现河南省行政区内的古今建筑，明白、易行、易理解。然而，建筑既是一种物质产品，但同时也具有文化意蕴和历史记忆。相对于“河南”来说，“中原”的概念既形成得早，又成为举世公认的当今河南的代名词。虽然它的外延大于河南，甚至延及江、河两岸，但它的核心区位一直定位在河南。另外，中原经济区的形成，也是书名需要考虑的问题。《国务院关于支持河南省加快建设中原经济区的指导意见》中对中原经济区的区域范围定为“涵盖河南全省，延及周边地区的经济区域”。因此，本套书编纂委员会成员一致认为，地域冠名为“中原”比“河南”更恰当。

古今中原建筑的素材浩如烟海。本书虽不包含全部中原建筑，但却大体涵盖了中原建筑的主要和典型的代表，在时间上既涵盖了古代，又涵盖了近代和现代；几十年来，我省尚未出版过一部涵盖范围较其更为全面的建筑图书，此书可以视为一项开放的工程，目前完成的《古代建筑》《20世纪建筑》《21世纪公共建筑》《21世纪居住建筑》先期出版，今后还将追踪时代步伐，续写有关内容，作为它的补充与延伸，以形成系列。因此，编者不揣浅陋，将本书冠以“大典”之名，此中用心和深意，尚希读者鉴谅。

对于书的性质，编者力求使其成为中原建筑的百花集萃，但鉴于很多古代建筑的湮没无考和现代建筑的数量过于庞大，做到完全收录是力所不及、也是没有必要的；编者本着客观的态度，严格甄选出各类建筑中最典型、最有特色的代表作品，力求全面、准确地反映数千年来河南建筑的全貌。各卷的甄选及分类标准如下：

《古代建筑》卷，按照功能的不同分为佛教建筑（其下包括寺庙、佛塔、石窟）、道教建筑、伊斯兰教建筑、纪念建筑（其下包括祠庙、陵墓）、文庙书院建筑、衙署建筑、会馆建筑、民居建筑、桥梁建筑、古代城址、其他建筑（其下包括庙阙、园林、高台、水利设施、风水塔等），选择各类建筑中文物等级高、历史久远、文化底蕴深厚、布局独特或已经是现存孤例的建筑。

《20世纪建筑》卷，以新中国成立前后划分为两个阶段，即1901年至1949年，1950年至2000年。前一阶段根据行政区划按城市分列各类建筑；后一阶段按建筑类型编排，两个历史阶段体例分别与《21世纪居住建筑》《21世纪公共建筑》一致。前后对照清晰地显示了中原建筑两重天的变化。

《21世纪公共建筑》卷，按照功能的不同分别选择各类建筑中具有标志性（刷新城市新高度、直接是一个城市的象征、具有革命纪念意义和特殊价值等）、艺术性、环保节能性、名牌（著名建筑师、设计师的代表性作品）及获奖（获得詹天佑奖、鲁班奖等省、部级以上大奖）的建筑。

《21世纪居住建筑》卷，在选材上充分考虑不同读者的需要，既考虑建筑特色和专业水平，以便作为专业人员和研究人员的借鉴和参考，又考虑到一般读者的审美趣味和欣赏需求。所收居住建筑按河南省行政区划排序。

各卷中每个建筑均附有几百字的文字说明，除了介绍建筑面积、建造时间等专业数据（《21世纪公共建筑》卷和《21世纪居住建筑》卷尽可能给出了设计单位、建筑面积、设计时间和竣工时间等）之外，还对该建筑的功能、结构和设计特点加以阐释，同时尽可能配以各类建筑图纸（总平面、平面、立面及剖面等），力求做到资料翔实、具体，评价准确、公允，使这套书具有较高的学术价值和资料价值，并因其内容与形式的完美统一而具有典藏性和观赏性。

编纂委员会成员根据统一设计的征稿与编写框架，夙兴夜寐，踏实工作，对文字、数据资料反复核实，对照片、图纸反复推敲，付出了巨大的努力，使这部套书的权威性、科学性、可读性得到了保证。

正值本书编纂完成、行将付印之际，迎来了《国务院关于支持河南省加快建设中原经济区的指导意见》的下达，编纂委员会成员和全体参与同人无不感到欢欣鼓舞。作为一部反映中原古今物态建筑的图书，对照国务院的指导意见尤其是第36条的要求，我们为对中原经济区的发展做了一件有意义的工作而感到欣慰。

在本书的组织和编纂过程中，我们既考虑到了河南作为占有全国最久远、丰厚的建筑文化资源之地、全国交通枢纽的中心地位，以及人口大省的特殊地位，又考虑到了河南省人均经济规模、人均居住面积、城市化水平低于全国平均数的现状，力避夜郎之言和印象的产生。我们清楚地认识到：河南的突出优势将是保障其可持续发展的不竭源泉；河南现有的突出矛盾和劣势，也将随着中原经济区发展战略的实施，成为反推中原实现跨越式发展的巨大潜能和动力。愿我们共同努力，以史为鉴，借国务院支持我省中原经济区建设的东风，促进建筑与住宅产业发展，加快城镇化进程，实现城乡共同繁荣，为支撑中原崛起和河南振兴，服务全国发展大局作出新的贡献。

河南省土木建筑学会副理事长、秘书长　李绪荧

序

改革开放三十多年来，我国经济飞速发展，举世瞩目，令人称羡。地处中原的河南省，在国家区域社会经济战略中的地位不断提高，并向着周边省份辐射，合作力量加强，为中原地区注入了新的活力与动力，焕发出勃勃生机和魅力。

河南省在城镇化进程中，对多数城市的总体规划进行了修订，拓展了城市范围，调整了城市空间结构，完善了功能布局，注重了城市文化设施与民生改善，加强了城市景观、环境的融合，城市面貌焕然一新。

在新世纪头10年中，河南省各地在城市建设中增添了一大批新的公共建筑，无论在类型上，还是在规模和数量上都进入了一个新的发展时期，而且在功能布局、环境构成、新技术和新材料运用方面达到了一个新的水平，尤其是各级城市中建成的一批文化博览、教育建筑，标志着我省已走上了从文化大省向文化强省发展的新途。

在河南省18个地市公共建筑的选例中，本书编委会进行了分类与排序，分别为文化博览建筑、教育科研建筑、行政办公建筑、商务金融建筑、医疗卫生建筑、商业建筑、体育建筑、交通与通信建筑、宗教与纪念建筑、宾馆与旅游建筑等十类建筑。这些选例有的是城市标志性建筑，有的是国内外著名建筑师的作品，有的曾获得国家和省、部级建筑设计奖，还有独具行业特色的代表性建筑，等等。

从某种意义上说，公共建筑是一个时代物质发展与精神文明的象征，同时也反映了某一城镇物质、文化生活的要求与水平。

公共建筑在类型上的多样性、在城市中分布的广泛性，以及设计的复杂性，使它成为构成城市公共空间特色、提升城市品位的主要因素，表达了城镇在规划城市空间、群体等方面的时代特征，同时，综合体现了一个时代的技术、经济、美学思想。

为了展示这一历史发展阶段的设计成果，总结交流创作经验，梳理建筑创作风格形成的脉络，本书记录了21世纪头10年我省较有代表性的公共建筑，以期得到有关部门及读者的关注、评价与指正。

纵览我省新世纪的公共建筑，大致可归纳出以下几个特征：

1.在广泛吸收中外传统与现代建筑精华的基础上，结合当地情况进行的创新之作。

2. 在实现建筑与环境、建筑与文化、建筑与地域特色的融合上有所突破，并对新风格作了不同程度的探索。

3. 公共建筑由于规模、投资、环境的不同，处理好一般性与特殊性、大量性与标志性的关键是把握好创作的基础，不少优秀之作，立足于城镇的此时此地，照顾到左邻右舍，在"精心"上下功夫，做到了精雕细刻。

人们把文化博览建筑看作是艺术与文化的圣地、文物的宝库，国运昌盛、时代进步的标志，更是中华民族文化振兴的重要组成部分。这类建筑见证了历史的发展，也成了经济发展的助推剂。20世纪90年代建成、曾获国际建筑大奖的河南博物院，以其深厚的文化底蕴与独特的造型成为我省文化博览建筑的范例。省内各城市相继落成的文化博览建筑犹如在中原大地上绽放的一朵朵奇葩，无不体现了上述根本特点。

博览建筑的创作，为建筑师充分展示其创作理念提供了一个广阔的平台，使他们得以在中原深厚的传统文化土壤中发掘创作灵感，并以地域的独特语言与建筑词汇，构成了一座座城市的标志。

现代观演建筑中完美的声学要求是富于挑战性的设计课题，良好的视听效果、高科技的舞台装置和灯光配备，使建筑声学与室内审美达到高度的融合，对建筑的要求几乎达到了苛求的地步；将戏剧、舞蹈和交响乐等演出场所按不同要求进行分设，并组合成一个大的文化中心，成为观演建筑的一个发展趋向。

教育是立国之本、民族振兴之基础。新世纪教育的发展，从高等教育、职业教育到中等教育、学龄前教育……各类学校数量增加之快、规模之大、设施之先进，可以说超越了任何历史时期。一批经统一规划建设的大学校区（郑州大学新校区、河南大学新校区、河南理工大学新校区等），因地制宜，分区明确，空间环境优美，在新世纪第一个10年中相继建成。虽然在校区布局中，一些大学校区中心地段仍不同程度地沿袭了传统的中轴主楼、左右对称配楼的布局，但多数新建校区以功能、学科、教学、科研、师生生活为基础的分区，适应环境、空间结构进行群体安排，在建筑风格上形成了各自的特色。中小学、幼儿园建筑也普遍得到了重视，建筑的功能、布局、造型，适合青少年、儿童的心理特点和教学规律，更富于灵活性、多样性。

图书馆是文化建筑的重要类型之一。大型的省、市图书馆，大专院校图书馆，以及一般地区的中小图书馆，以服务读者为宗旨，贴近读者、方便读者为根本，但由于馆的规模、技术手段、管理等方面的不同，在设计上也有较大的差别。吸取国内外现代图书馆设计经验，大、中型馆打破传统的借、藏、阅分区设置和动、静分区的模式，以三统一（统一柱网、统一荷载、统一层高）的格局，采用绝大部分开架、开放的管理模式，并通过数字化、信息化的管理手段，扩大了使用的灵活性和方便性，创造了宜人、多样的阅览方式。

行政办公建筑在城市总体布局中结合中心广场，大都占有重要的位置。无论采用何种建筑元素、符号以及风格，它的总体布局的“根”大都植于传统的“中轴”“对称”广场之中，并以最具古典性的公共性元素，如宽阔的台阶、高大的柱廊、超常的尺度等，展示其权威、庄严的气势，这似乎已成为一种“包袱”而难以突破。

商业建筑从简单的商品交换的店铺发展到现代综合的商业模式。商业空间从露天市场、店铺、步行街、专业商店、百货公司、超市到大型综合商业中心，改变了城市社会的结构，摆脱了传统的设计布局。商业建筑成为不可或缺的公共活动场所，它把购、逛、玩、吃融为一体。琳琅满目的商品，专业化布置的购物环境，适应了时代对功能的需求，充分显示了当今社会市场经济的繁荣。郑州二七广场以原德化商业街发展而来的周边大型商业中心、步行商业街、下沉商业广场等，构筑了现代城市商业圈，它不仅延续了城市的文脉、城市的记忆，而且为改造旧城、拓展商业模式提供了新的思考。

综合性的大型商业－住宅、商业－办公、商业－旅游等组合的高层建筑，使城市高度集中化，它充分利用城市用地，向城市上空、地下要面积，提高容积率；另一方面，在人们的意识中，对建筑高度的追求已不再具有宗教上的象征意义而是实力、科技和财富的炫耀，这似乎已成为城市发展的不可逆转的潮流，多方面的因素也促成了这一建筑类型的发展。郑东新区中央商务区的高层楼群布局，为今后新区建设提供了新的有待总结的经验。

从罗马圆形竞技场到现代化的体育场馆，从观众、运动员、管理人员的分流进入，到场馆的集中散场，设计者关注流线、疏散，把安全放在重要的位置。由于大跨度的功能需要，形式的多样化，大尺度的顶棚覆盖，以结构为主要元素展现体育与建筑的美学特色，无疑是当代大跨度建筑的重要表现；动感、轻盈的外观与庞大的体量造型，在设计者的巧思妙想中得到了完美的统一。面向城市公共空间的开放性，群众的参与性，使体育建筑成为城市的一个重要亮点。

被誉为城市报春花的旅游建筑，不仅满足了全面而舒适的设施与服务功能，而且为高效运转提供了优质的基础条件。游客的期待、宾至如归的第一印象，是旅馆设计成功的第一要素。美国建筑师约翰·波特曼所倡导的建筑内部空间的“观光电梯、共享大厅、旋转餐厅”三大元素已广泛用于各类旅游及公共建筑设计中，多样化的旅馆类型，如城市快捷式、连锁式、旅游度假式、会议式的不同宾馆、客舍，更是五彩缤纷，装点着城市。

各类建筑在构筑内部空间的同时也共生了外部空间。注重营造城市的外部空间或公共空间，追求自然环境与人工环境、历史与人文的完美结合，从纪念性与宗教性的人文景观到自然景观的开发与规划，运用景观的要素（如广场、街道、节点、绿地、庭院等）创造各具特色的城市与景区的景观，这些现代设计理念和不断创新的努力，推动了我省景观设计水平的提高与发展。

当我们编辑成稿时，掩卷而思，不禁为我省建筑创作的巨大成果而欣喜——我省的公共建筑和全国一样，在经历了百年沧桑之后，走向了空前繁荣的多元化风格，真可谓妙思佳构花团锦簇、层出不穷。

本书汇集了各种类型的公共建筑实例 176 个，由于调查研究不够，精品之作难免会有遗漏，主创建筑师及团队没有一一列入，在此深表歉意。但我相信，本书的出版，对于推动我省建筑创作水平，加强设计人员的精品意识，必将产生重大而深远的影响。

河南省勘察设计大师、郑州大学建筑学院教授　顾馥保

前言

中原地区是我国中部地区社会经济建设最主要的部分，是以河南省为主体，旁及邻近省份部分地区的一个广阔区域。它东承长三角、西连大关中、北倚京津冀、南临长江中游经济带，其范围主要包括河南全部和晋东南、冀南、鲁西南、皖西北等地区。

公共建筑是供人们进行各种公共活动的建筑，主要是由政府和社会团体投资建设的城乡建筑，反映着地区特色与文化。改革开放以来，随着河南省城市化建设的推进，各地新建或改建的公共建筑逐渐增加，建筑类型逐步完善，建筑形式从单一走向多元。进入21世纪，河南省城市化建设进程进一步加快，城市中增添了一大批新建筑，它们反映了整个国家城市化进程和河南省城市建设和发展的新理念和新景观，同时也给中原地区文化注入了新的活力和动力，使之焕发出勃勃生机和迷人魅力。

新世纪以来，伴随着中国社会经济快速发展，河南省在国家区域经济战略中的地位不断提高，城镇体系规划建设不断完善。在这样的背景下，多数城市在空间结构、功能布局方面进行了调整，在城市总体规划中扩展了市区范围，加快了城市景观环境设施和城市文化设施建设，城市面貌焕然一新。基于对建筑本体的探索，建筑师在对建筑的认识、理解和设计上逐步走向成熟，建筑创作形式风格趋于多样化。这可以概括为以下四个方面的倾向：一是对建筑时代精神的表达。一些改建、新建的公共建筑更加注重文化内涵和时代特点，在环境构成、功能布局以及高新技术和新型材料运用方面，以中原地区社会经济发展为背景，开拓了当代建筑的发展道路。二是对中原地区特色的追求。设计者主动以各种手法表达建筑的地域特色，试图创造城市和地方建筑的新风格。三是对传统建筑文化的现代表达。从传统建筑文化中寻找建筑特色创造的思想资源和人文智慧进行现代阐释，显示出建筑师们对传统文化有了更深层的理解和对建筑内涵的不断探索。四是对建筑时尚的表达。建筑师自觉或不自觉地追随社会中政治、经济、文化的时尚，力图表达时尚建筑风格。新世纪建筑中这种全球化与地区性、现代性与传统性的关系得到重视、协调和巧妙处理，使得城市建筑品位不断提升，建筑创作水平进入了一个新的发展时期。

我们也应当看到，在这些建筑实例中还存在着下列现象。一是建筑实践作品水平参差不齐；二是有些建筑作品过多地表达外在的形式和设计者的个人意志，以及对国外理念和形式的“简单移植”；三是有些作品表现出的环境意识不够强，在与地域条件的结合上，以及对节能减排方面的研究尚不够充分。建筑创作需要建筑师对建筑事业的热爱和对社会的责任感。我们应当理性思考，对现实条件进行深入研究和体验，尊重自然、尊重人类文化成果、满足社会需求，这是创作出优秀建筑作品的一个重要基础。如今，中原经济区的规划建设进一步明确了河南省社会经济发展与国家整体发展战略的关系，建筑创作者应以更加包容的胸怀和开阔的视野，努力探索中原地区博大开放的建筑特色，创造良好的工作、生活环境，为中原地区的社会经济建设和发展提供有力的支撑条件。

本书所选实例主要是 2001 年以后近十年河南省 18 个地市已建成的公共建筑，它们反映了河南省公共建筑建设的新成就。这些实例都具有显著的特点：有的是城市标志性建筑，有的是国内外著名建筑师的作品，有的曾获得国家和省、部级建筑设计奖，也有独具行业特色的代表性建筑，等等。全书共列出 176 个典型实例，分为 10 个类型，其中包括文化博览建筑、教育科研建筑、行政办公建筑、商务金融建筑、医疗卫生建筑、商业建筑、体育建筑、交通与通信建筑、宗教与纪念建筑、宾馆与旅游建筑。每个实例包括反映建筑形象的图片和建筑的设计单位、建筑面积、竣工时间、建设地点，以及简要的文字说明。

本书是对河南省近十年公共建筑建设成果的系统介绍和总结，是河南省优秀建筑、精品工程的集萃，反映了河南优秀的建筑历史文化和社会经济的发展。总体上看，本书具有一定的权威性、学术性和典藏性，其成果对河南乃至我国建筑业现在和未来发展具有重要的参考价值。本书可作为专业人员研究河南公共建筑的重要参考资料，同时也是广大读者了解中原地区近十年建筑创作的一个窗口。

由于大家的共同努力，才使这样一部介绍河南省近十年公共建筑的著作得以问世。由于种种原因，本书的编纂难免存在一些疏漏和不足，恳请读者提出宝贵意见和建议。

郑州大学建筑学院院长、教授　张建涛

目录

一　文化博览建筑

1 河南艺术中心 002
2 郑州国际会展中心 010
3 世界客属文化中心 016
4 郑州黄河国家地质公园地质博物馆 018
5 洛阳博物馆新馆 020
6 周王城天子驾六博物馆 026
7 平顶山博物馆 028
8 新乡市平原博物院 030
9 焦作市会议中心 032
10 安阳市图书馆、博物馆综合大楼 034
11 安阳殷墟博物馆 036
12 中国文字博物馆 040
13 许昌市许都大剧院 044
14 林州红旗渠展览馆 046
15 禹州钧官窑址博物馆 048
16 漯河国际会展中心 050
17 南阳汉画馆 052
18 商丘木兰大剧院 053
19 信阳市百花会展中心 054
20 信阳市百花之声歌剧院 056
21 信阳市百花馆 058
22 信阳市百花城 060
23 驻马店市图书馆 062
24 驻马店市会展中心 064
25 济源市文化城 066
26 济源市城市规划展览馆 068
27 王屋山地质博物馆 070

二　教育科研建筑

28 郑州大学新校区 074
29 河南工业大学新校区 082

30 郑州科技学院图书馆 086
31 郑州轻工业学院教学大楼 088
32 河南大学新校区 090
33 河南城建学院西校区综合教学楼与规划建筑系系馆 094
34 鹤壁职业技术学院图书信息中心 098
35 河南师范大学图书馆 100
36 河南理工大学新校区 102
37 濮阳职业技术学院 106
38 南阳理工学院国际会馆 108
39 河南省实验中学 110
40 郑州市第一中学新校区 112
41 郑州市第四十七中学高中部 116
42 郑州市外国语中学 118
43 郑州市外国语中学新校区 120
44 焦作市第一中学新校区 122
45 济源第一中学新校区 124
46 济源市沁园中学 126
47 中牟县新圃街小学 128
48 濮阳市昆吾小学 130
49 许昌市东城区实验学校 132
50 河南省实验幼儿园 134
51 郑东新区海文实验幼儿园 136
52 郑州市青少年宫 138
53 河南省国家大学科技园（西区）一期建筑 140
54 郑州市节能环保产业孵化中心绿色建筑示范楼 142
55 郑州烟草研究院科研实验楼 144

三 行政办公建筑

56 河南省委办公楼 148
57 河南省人民政府办公楼 150
58 河南省国土资源厅办公楼 154
59 郑州市城乡建设委员会办公楼 156
60 河南省新闻出版局大厦 158

61 郑州市房地产管理局大厦 160
62 郑州市中级人民法院 162
63 郑州经济技术开发区投资服务中心 164
64 洛阳市党政机关办公大楼 166
65 洛阳市公安局公安通讯信息指挥中心 168
66 洛阳市洛龙区人民政府行政中心综合办公楼 170
67 洛阳市中级人民法院综合楼 172
68 焦作市人民政府办公楼 173
69 鹤壁市环境保护局办公楼 174
70 新乡市人民政府办公楼 176
71 许昌市行政中心 180
72 许昌市经济技术开发区综合服务中心 182
73 许昌市中级人民法院综合楼 184
74 三门峡市湖滨区人民法院综合楼 185
75 信阳市人民政府办公楼 186
76 驻马店市新中心区行政中心 188
77 驻马店市建设委员会办公楼 190

四 商务金融建筑

78 河南出版大厦 194
79 郑州煤炭工业（集团）有限责任公司办公楼 196
80 河南省信息产业大厦 198
81 河南专利孵化转移中心 200
82 郑州奥园世贸大厦 202
83 郑州高新技术产业开发区火炬大厦 204
84 郑州高新技术产业开发区总部企业基地 206
85 郑州格拉姆国际中心 210
86 郑州绿地峰会天下 211
87 郑州金城国际广场 212
88 郑州顺驰第一国际 214
89 郑州天一大厦 215
90 郑州鑫苑金融广场 216
91 郑州永和国际广场 218

92 洛阳万国银座 220
93 鹤壁市煤电科技办公楼 222
94 南阳高新区创业大厦 223

五 医疗卫生建筑

95 河南省人民医院综合病房楼及门诊楼 226
96 郑州大学第一附属医院高级病房楼 230
97 郑州人民医院病房楼 232
98 河南省疾病预防控制中心 236
99 河南科技大学第一附属医院外科病房楼 240
100 新乡市第一人民医院综合病房大楼 242
101 新乡市中心医院外科病房楼 244
102 河南宏力医院医疗综合楼 246
103 中原油田职工总医院综合门诊楼 248
104 灵宝市第一人民医院 250
105 商丘市第一人民医院病房楼 252
106 周口市中心医院病房楼 254
107 南阳市第一人民医院病房楼 255

六 商业建筑

108 郑州大上海城 258
109 郑州丹尼斯花园路商厦 260
110 郑州德化步行商业街 262
111 郑州国贸中心 264
112 郑州红星美凯龙全球家居广场 266
113 中国农业银行河南省分行办公楼 268
114 洛阳枫叶国际购物广场 270
115 洛阳红星美凯龙世博家居广场 272
116 洛阳凯瑞·君临广场（王府井百货） 274
117 洛阳市商业银行综合营业大楼 276
118 济源建业新天地步行街 278
119 南阳新华城市广场 280

七 体育建筑

120 河南省射击馆 284
121 河南省体育中心体育场 286
122 郑州大学体育馆 290
123 郑州航海体育场 294
124 郑州旅游职业学院体育馆 296
125 洛阳师范学院体育馆 298
126 洛阳市体育中心 300
127 漯河市体育馆 302
128 渑池县体育中心 304
129 南阳师范学院体育馆 306
130 商丘奥林匹克中心体育馆 308
131 济源篮球城主体育馆 310

八 交通与通信建筑

132 郑州新郑国际机场航站楼 316
133 高铁三门峡南站 318
134 南阳机场航站楼 320
135 郑州南服务区 321
136 商城服务区 322
137 西华停车区 323
138 新济运营管理中心 324
139 河南广播电视塔（中原福塔） 326
140 郑州市气象局气象雷达站 328
141 河南移动通信生产指挥调度中心大楼 330
142 郑州邮政综合生产楼 332
143 河南联通第二长途通信枢纽综合楼 334
144 开封移动通信网管中心大楼 335
145 中国联通开封市分公司综合生产楼 336
146 洛阳龙羽电力大厦 337
147 洛阳新区移动通信综合生产楼 338
148 平顶山市广电大厦 340

149 濮阳市联通公司营业楼 342
150 濮阳新一代气象雷达站 343
151 周口市电业局调度通讯楼 344
152 驻马店市气象塔 345

九 宗教与纪念建筑

153 炎黄二帝广场 348
154 开封府 352
155 白马寺印度风格佛殿 356
156 平顶山中华刘姓始祖苑 358
157 平顶山中原大佛 360
158 鹤壁市云梦山八卦城 362
159 商祖祠 364
160 汝南南海禅寺 368

十 宾馆与旅游建筑

161 绿地广场（郑州会展宾馆） 374
162 禅宗少林·音乐大典实景剧场 382
163 中共河南省委第二招待所 386
164 江南春温泉度假酒店 388
165 河南天地粤海酒店 392
166 郑州植物园展览温室 394
167 开封金明池公园 396
168 开封开元名都酒店 400
169 洛阳钼都利豪国际饭店 402
170 栾川县伊水湾大酒店 404
171 平顶山佳田国际大酒店 406
172 焦作净影山庄 408
173 济源世纪酒店 410
174 许昌鄢陵花都温泉 412
175 福森半岛假日酒店 414
176 奥帕拉拉水公园 418

后记 420

一 文化博览建筑

21世纪以来，中原大地陆续矗立起数量众多、规模宏大、质量上乘、风格新颖的文化博览建筑。如河南艺术中心、郑州国际会展中心、中国文字博物馆、安阳殷墟博物馆、洛阳市博物馆等等。这类建筑不仅在经济建设中起着支柱的作用，而且使各地的文化博览设施得到了空前的发展，更重要的是凸显了河南地处中原丰富的历史文化传承与区域优势。它为中原崛起河南迈向文化强省提供了有力的物质基础，树立了河南在全国的崭新形象。

这些集展览、会议、商务、旅游为一体的新型公共建筑，功能完善、设施先进、服务优良，日益展现出城市中的文化价值，为城市开放、交流、经济发展提供了重要平台，并成为城市中最具特色的空间形象。

文化是精神之源，也是民族发展的动力。盛世展文化，这些文化博览建筑既为城市多彩的、独特的标志性构成要素发挥着重要作用，又为新世纪河南地域性的建筑文化发展作出了里程碑式的贡献。

Selected Architecture in Central China Public Architecture in the 21st Century

1 河南艺术中心

设计单位：加拿大 OTT / PPA 建筑师事务所
中国航空工业规划设计研究院
建筑面积：75 000 m²
竣工时间：2007 年

2007

河南艺术中心坐落于郑东新区中央商务区内环，占地面积 10 hm²。它是省政府确定的“十五”期间重点项目，投资约 10 亿元人民币，是新中国成立以来，河南省规模最大、设计一流、设施先进的大型文化建筑。建设中的五个椭圆形的长轴汇集于一个中心，寓意中原之中心的地理位置。它包括 1 860 席的大剧院、802 席的音乐厅、380 多席的多功能小剧场以及美术馆、艺术馆等。河南艺术中心的建筑造型取意于河南出土的三件古代乐器外形：五个椭圆形模仿 6 500 年前古乐器陶埙的外形，艺术墙则模仿了 2 500 年前古代管乐器石排箫的造型，广场中心晶莹剔透的装饰柱形似 8 700 年前的中华第一笛——骨笛，这些古乐器外形经过抽象演化重组，充分体现了中原古老文化与现代建筑艺术完美结合的设计理念。在这里，人们不仅能感受到古代

北向外景

文化和现代节奏交融的气息，更能从该建筑中感悟到时代特色。

艺术中心的 5 个单体上，具有各不相同的截面与倾角，共有 200 多根斜梁、斜柱。屋顶装修所需的 2 万多块、共计 25 000 ㎡的面板也无一相同。这在国内属于首例。此外，两面 42 m 高、104 m 长的玻璃艺术墙，也是目前国内面积最大、最壮观的艺术墙。项目共运用了 27 项全国首创的新技术、新工艺，创造了全国同类文化项目建设史上的新纪录。舞台设计为国际通用的品字形舞台，采用国际先进的舞台设备，具升降 ±4 m、侧台对开、后舞台旋转及开向前台功能；具有三种自动开启大幕和升降乐池；布置 53 道灯光和布景吊杆。其声学设计、灯光系统均达到国内一流水平。

公共大厅

大剧院入口

观众厅一

观众厅二

夜景

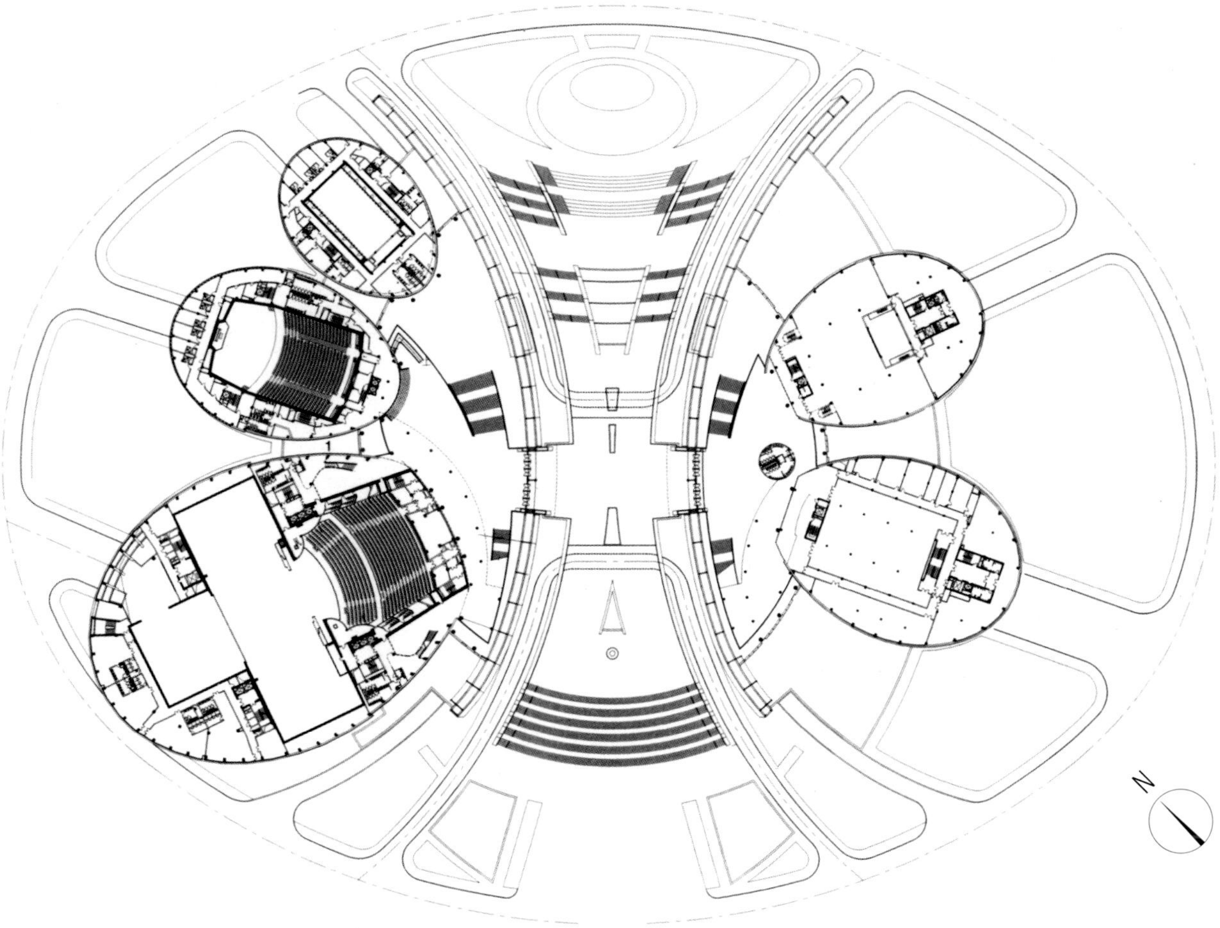

总平面图

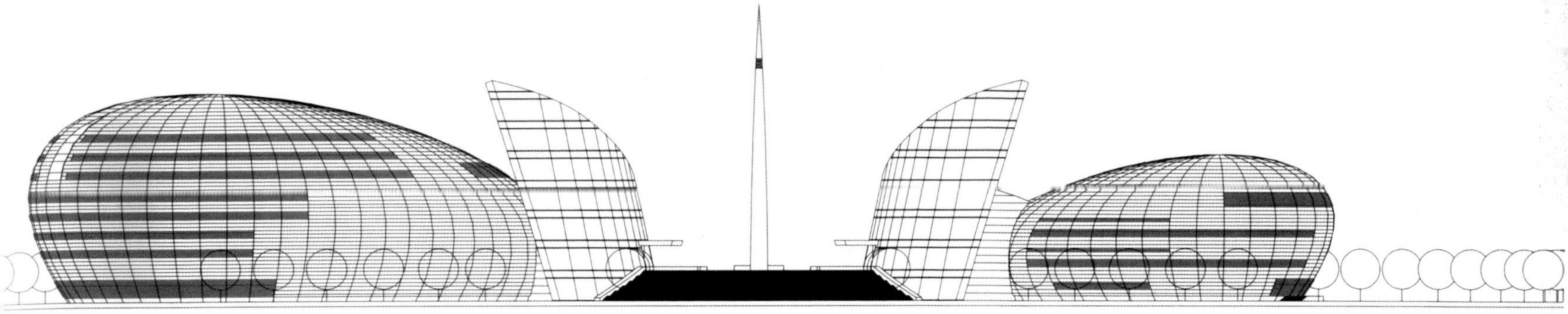

西立面图

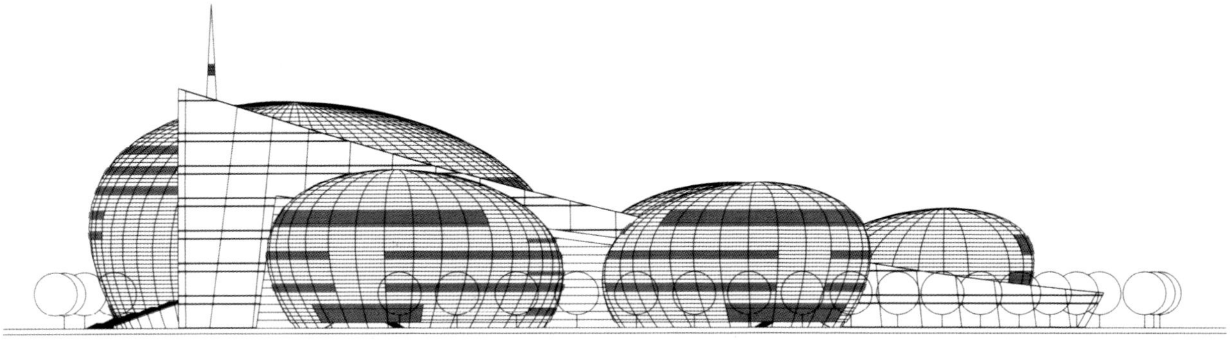

南立面图

夜景鸟瞰

2 郑州国际会展中心

设计单位：黑川纪章建筑·都市设计事务所
机械工业第六设计研究院
建筑面积：226 800 m²
竣工时间：2005 年

2005

郑州国际会展中心位于郑东新区中央商务区中心，是郑州市中央商务区三大标志性建筑之一，也是集会议、展览、文娱活动、餐饮和旅游观光为一体的大型会展设施。其主体为钢筋混凝土结构，屋顶为桅杆悬索斜拉钢结构。郑州国际会展中心以创造世纪高水准的、与自然生态共生、与历史共生、独具中原文化价值的大型展览建筑为总体设计理念，注重追求高科技，强调技术美、结构美与建筑美的统一，依托现代化新材料、新技术、新工艺，表达时代特征，探讨历史与现代、人类与自然、文化与生命在建筑载体的哲学意义。

西向外景

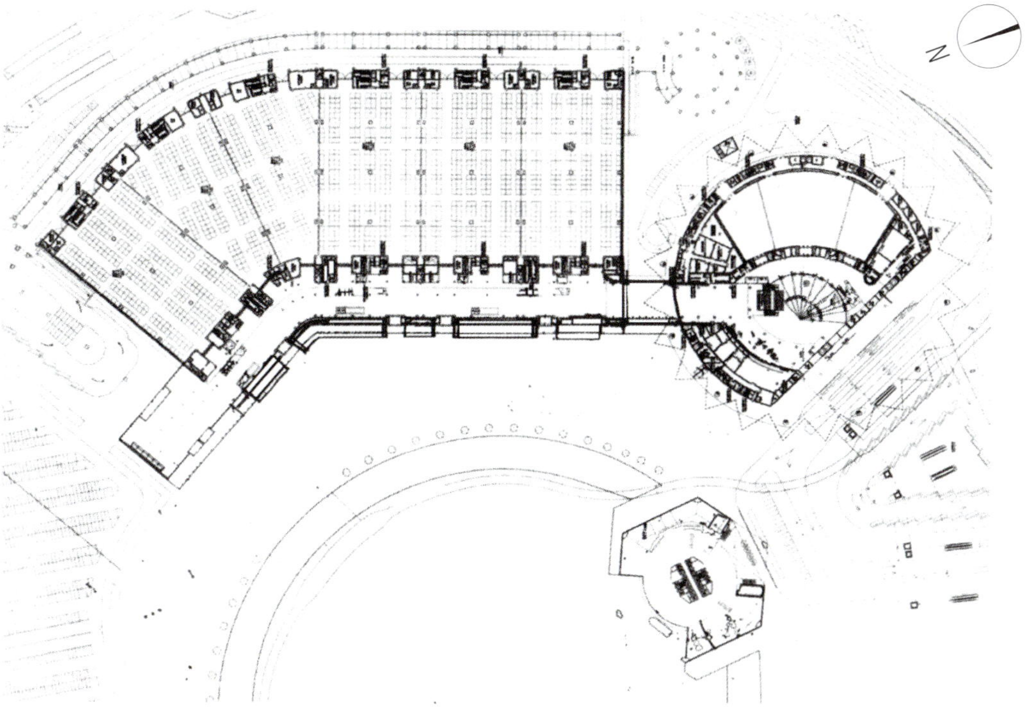

总平面图

全景

采光天棚

夜景

前厅内景

观众厅内景

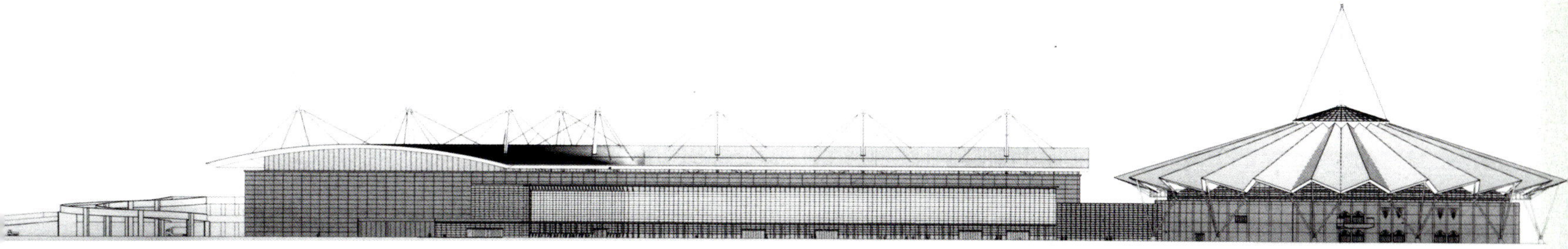

立面图

3 世界客属文化中心

设计单位：	现代设计集团华东建筑设计研究院有限公司
建筑面积：	82 310 ㎡
竣工时间：	2009 年

2009

世界客属文化中心位于郑东新区商鼎路，占地面积 12 h㎡，是以举行历史陈列、会议、商务活动等为主要功能的大型公共文化建筑，它将成为全世界客家人公认的纪念中心，也是体现客家与中原文化的标志性建筑。建筑群体由文化历史博物馆、客家祭祖会馆和世界客家总商会会馆三个部分组成。方案设计以传统客家民居圆形土楼为母体，大小不同的三个圆柱体主次分明，脉络清晰，内外空间相互渗透，使建筑、景观融为一体。

主馆入口柱廊

全景效果图

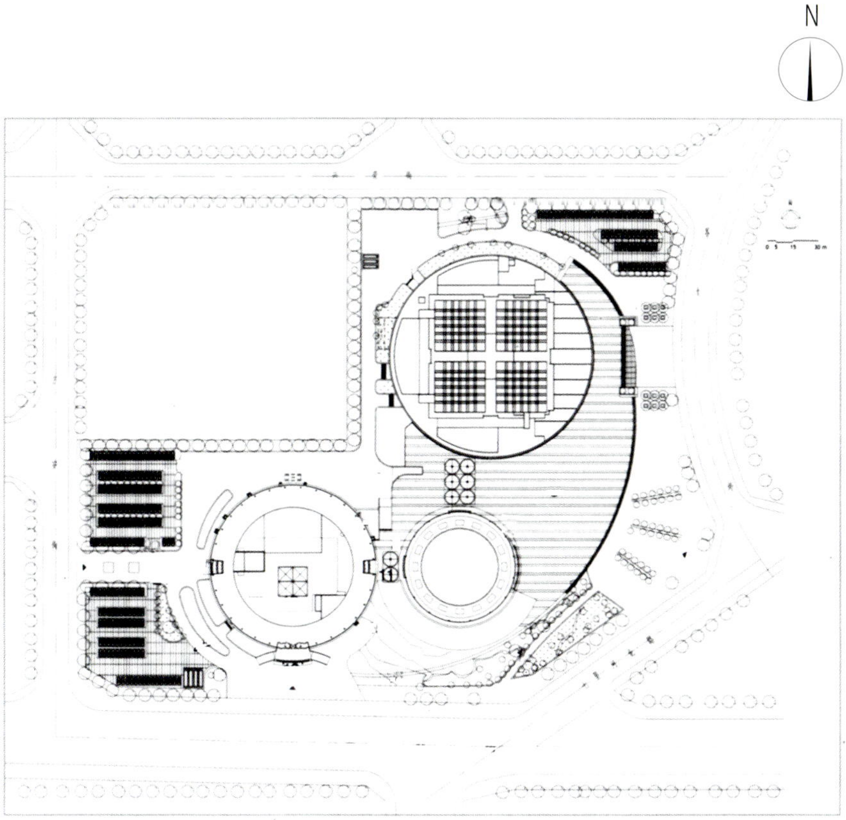

总平面图

细部

4 郑州黄河国家地质公园地质博物馆

设计单位：黄河勘测规划设计有限公司
华中科技大学建筑设计研究院
建筑面积：5 800 m²
竣工时间：2008 年

2008

郑州黄河国家地质公园地质博物馆位于郑州市黄河风景名胜区的核心景区五龙峰下，郑州黄河国家地质公园内最具特色的马兰黄土与 S1 古土壤区附近，是省级一流现代化地质专业博物馆。博物馆主体建筑共分八部分，即黄土厅、黄河厅、黄淮厅、贵宾厅、多媒体厅、观光电梯厅、生态苑、大河广场。黄河地质博物馆利用原榴园窑洞为主体进行改造和建设，极富地域特色， 黄土山窑洞与现代建筑相结合的独特形式在全国尚属首例。

外景

室内展场

室外展场

Selected Architecture in Central China Public Architecture in the 21st Century

5 洛阳博物馆新馆

设计单位：	同济大学建筑设计研究院（集团）有限公司
建筑面积：	43 650 m²
竣工时间：	2009 年

2009

洛阳博物馆新馆位于洛阳市中州中路，占地 20 hm²，由主馆和附楼组成，主馆两层，附楼三层。主馆一层设置中央大厅、基本陈列展厅、机动展厅和互动展厅，二层为专题陈列展厅，附楼为文物库房、办公及学术研究用房。为了全面展现洛阳千年帝都的悠久历史和博大精深的文化内涵，设计立意为“鼎立天下”，主要表现在都城文化、遗址文化、河洛文化、园林文化和地理形胜等五个方面。新馆设计的一大特点是体现了现代城市设计理念，室外开敞的大台阶与跌落水幕形成独具特色的城市公共空间，创造出博大、开朗、富有活力的城市公共景观。公众在此可以远眺城市中心和隋唐城遗址，并可拾级而上观赏 13 幅洛阳历史主题群雕，实现了现代建筑与雕塑艺术的完美融合。

外景

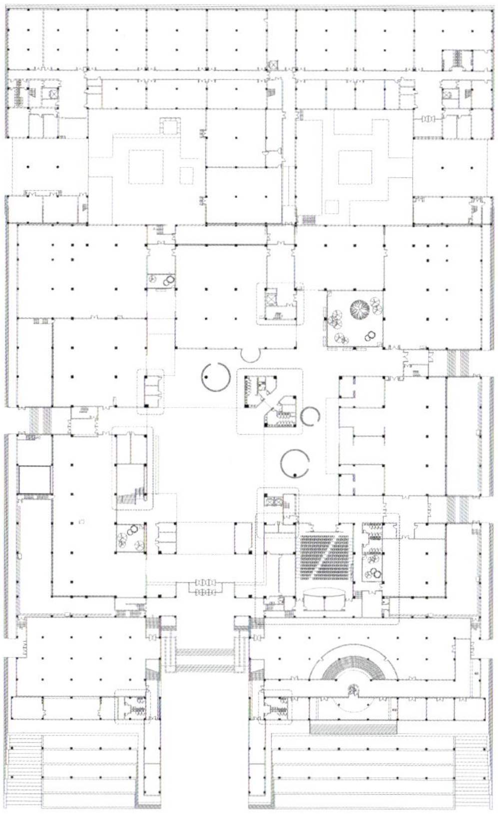

一层平面图

主入口

中央大厅

序厅

室内展厅

全景

6 周王城天子驾六博物馆

设计单位：洛阳市古建园林设计研究院
建筑面积：1 540 ㎡
竣工时间：2004 年

2004

周王城天子驾六博物馆位于洛阳市中心周王城广场北部，东周遗址的东北部，是一座以原址保护展示的东周时期大型车马坑为主体，辅以展示周王城概况，以及近年来王陵考古新发现和部分东周时期珍贵文物的王城、王陵、王器专题博物馆。博物馆以地下展示为主，地上以多个四棱墩台隐喻陵墓，以天子驾六古铜雕塑突出本馆主题。博物馆占地 1 700 ㎡，分两个展区：第一展区展示洛阳五大都城遗址相互关系位置图、东周王城概况、王陵的探索与发现以及东周珍贵文物等。第二展区展示东周时期 17 座车马坑的其中两座，其中北边一座长 42.6 m，宽 7.4 m，其规模国内少见。其中车马是纵向两列排放，宛如天子出行场面，最令人瞩目的是唯一一辆“驾六”的发现，以直观清晰的形式印证了古文献中“天子驾六”记述的真实性。洛阳周王城天子驾六博物馆以其独特的文物陈列，壮观的车马坑实景，向人们展示了古都洛阳悠久的历史和灿烂的文化。

主入口

东南向外景

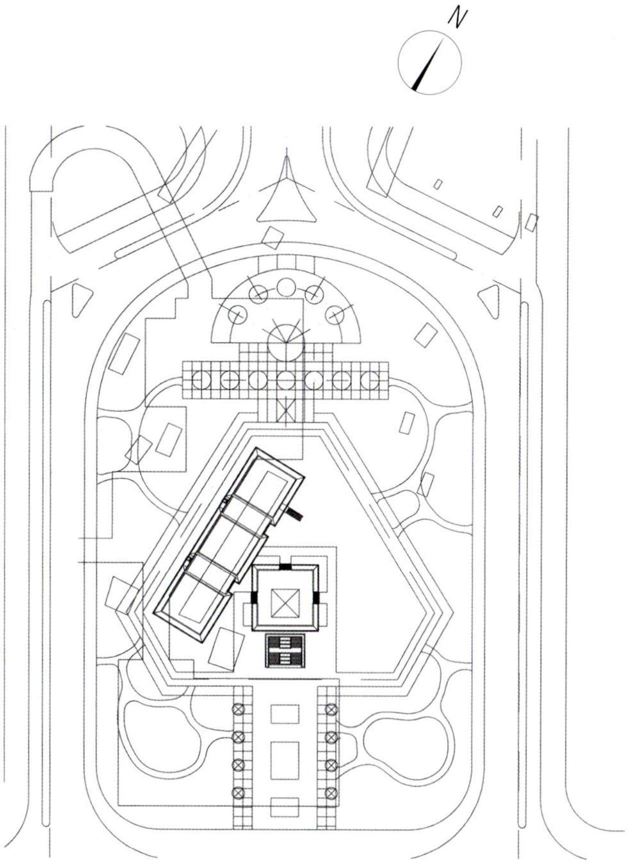

总平面图

车马坑全景

车马坑局部

Selected Architecture in Central China Public Architecture in the 21st Century

7 平顶山博物馆

设计单位：清华大学建筑设计研究院

建筑面积：30 346 ㎡

竣工时间：2008 年

2008

平顶山博物馆位于平顶山市新城区，其设计方案力图寻找一种文化载体——竹简，体现中国传统文化特征，鲜明地反映平顶山市的地域文化特质，同时创新地表现地方博物馆的文化个性，以体现其在神、形、性、意诸方面的全方位文化契合。建筑东立面采用“展简”的形态，形成层层错开之感，如徐徐翻开之巨著，动态十足。“竹简”表面有阴刻文字，在展开的同时略向内弯曲，且弯度不尽相同，既表达一种开放、包容的气度，又给建筑带来了一种具有张力的现代感。建筑南北立面的设计采用“束简”形态，形成密集排列的封闭界面，“束简”之间星星点点的铜片，就像历史长河中的繁星，朴素而又充满活力。建筑西立面采用间隙较大的“晾简”形态，模糊的空间给人一种过渡感，同时兼顾了背面幕墙对功能和节能的需要。

外景

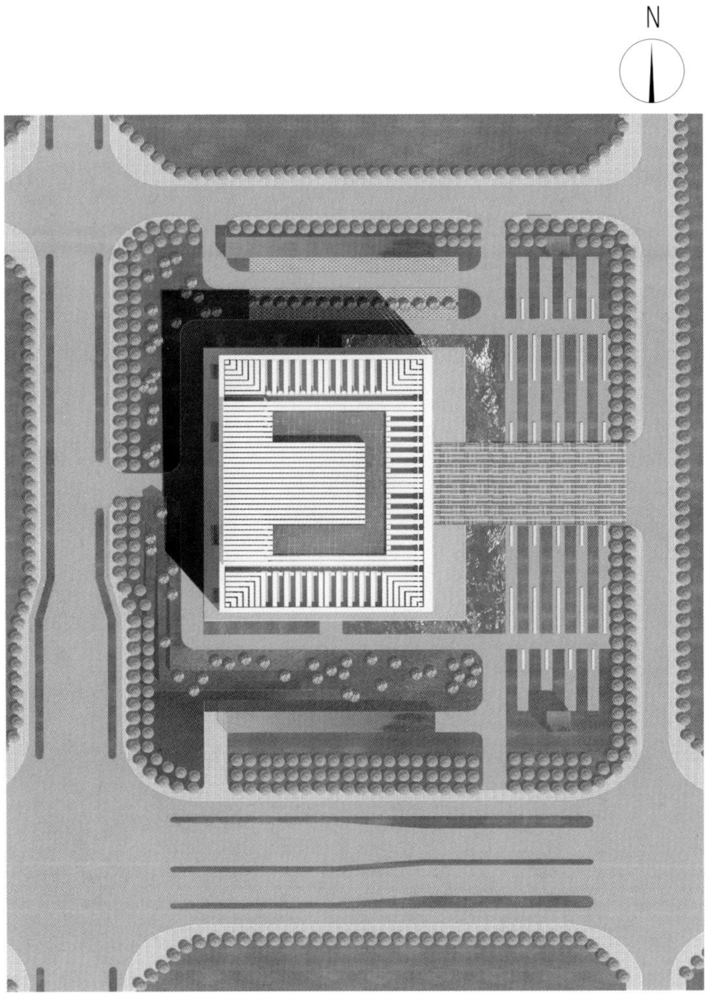

总平面图

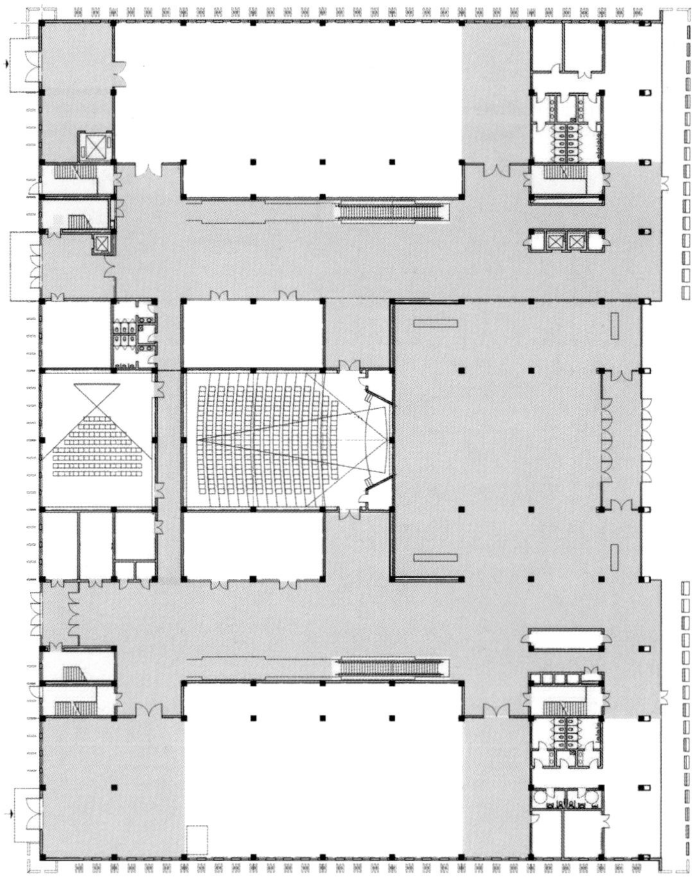

一层平面图

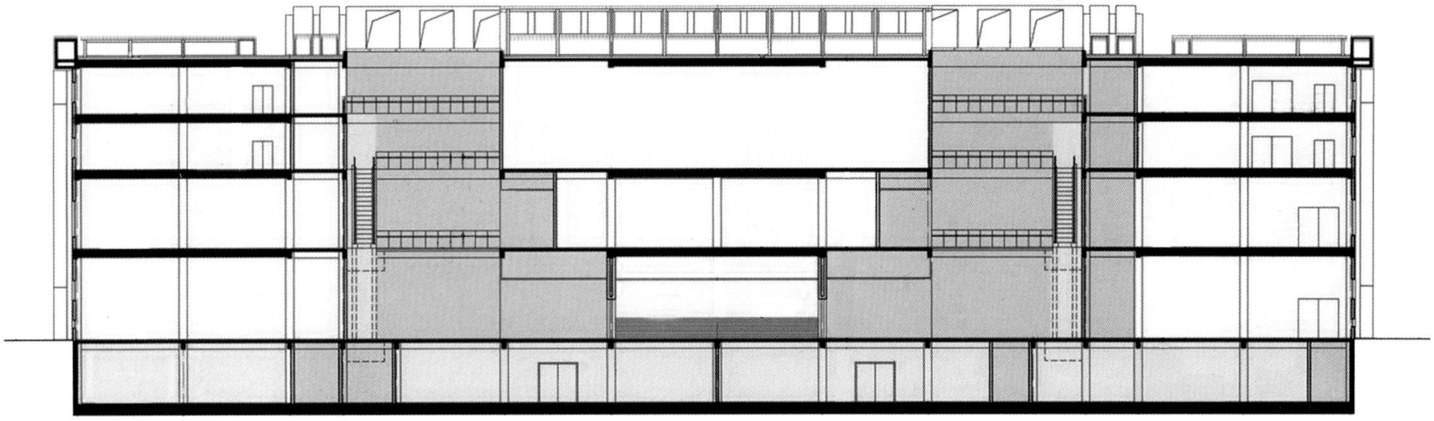

剖面

8 新乡市平原博物院

设计单位：北京市建筑设计研究院

建筑面积：52 585 ㎡

竣工时间：2010 年

2010

新乡市平原博物院地处城市核心区科技文化广场，规划总用地面积 7.5 h㎡，是一座集博物馆、档案史志馆、城建档案馆于一体的大型公共建筑项目。总体规划本着以人为本的理念，依据广场的中心轴线，采用对称式布局，突出广场庄重、大气、包容的风格特征，构建出有序的城市空间。建筑布局沿规划道路呈弧形展开，与环境有机融合，形成了“对话”式的趣味空间，同时也表达出自身独特的文化气质与建筑特征。周边单体建筑各具独特的风格，形成开放式的文化广场。

北向外景

西向外景

局部

南向外景

9 焦作市会议中心

设计单位：北京钢铁设计研究总院
建筑面积：10 000 m²
竣工时间：2003 年

2003

焦作市会议中心位于人民广场东侧，主体由中心圆柱体与两翼构成，突出了建筑的入口空间，圆形门厅两层通高。立面采用大面积玻璃幕墙，采光良好，建筑室内空间开敞，提供了较好的展示效果。会议中心设有 18 个从 50 人到 1 000 人的层次不同、风格各异的会议室。会议中心功能完备、设施齐全、品位上乘、环境宜人，是一个现代化、智能化、规范化的会议场所。

外景

入口

局部

10 安阳市图书馆、博物馆综合大楼

设计单位：深圳建筑设计研究总院
建筑面积：43 287 ㎡
竣工时间：2008 年

2008

安阳市图书馆、博物馆综合大楼是安阳市标志性建筑，位于安阳市文明大道，总投资 23 102 万元。两馆规模宏大、功能完备、设施先进、造型新颖、装饰精美，是鲜明体现殷商文化内涵和现代建筑设计风格，具有现代化、数字化、智能化的传播和展示手段，在全国中等城市中堪称一流的文化建筑精品。大楼为多层公共建筑，局部地下一层作为设备及人防用房。地上四层，中央设贯通三层的共享大厅，主体高度 25.8 m。锥台形的造型与斜支撑结构的结合，城市空间与建筑入口台阶的灰空间引导，表达了“新时代建筑”的内涵，为安阳古城文化的延续写下了浓重一笔。

南向外景

中庭内景

西南向外景

11 安阳殷墟博物馆

设计单位：中国建筑设计研究院
建筑面积：3 525 ㎡
竣工时间：2005 年

2005

安阳殷墟博物馆位于洹河西岸殷墟遗址区中心地带，安阳市西郊小屯村，占地6 520 ㎡。为减少对遗址区的干扰，设计尽量淡化和隐藏建筑物的体量，博物馆主体沉入地下，地表用植被覆盖，使建筑与周围的环境地貌浑然一体，最大限度地保护了殷墟遗址原有的地貌。博物馆平面取依附洹河之意而形似甲骨文“洹”字，平面分区明确，以线性空间引导观众的流向，利用中心下沉庭院和长长的回转坡道等空间层次，由地面下沉到入口庭院，再由出口上升至地面，展线清晰流畅。采用当地水刷豆石和青铜作为博物馆墙面外观的基本材料：水刷豆石用于面积有限的外墙和下沉坡道的侧墙，很好地演绎了博物馆古朴而内敛的表情；青铜墙体出现在中央庭院，四壁稍高出周围的地面，肌理颗粒粗犷，朴素而厚重。在材料的细节处理上强化对遗址和文物的提示，全面地展现殷墟的各种考古成就和甲骨文、青铜器等珍稀文物的文化价值。

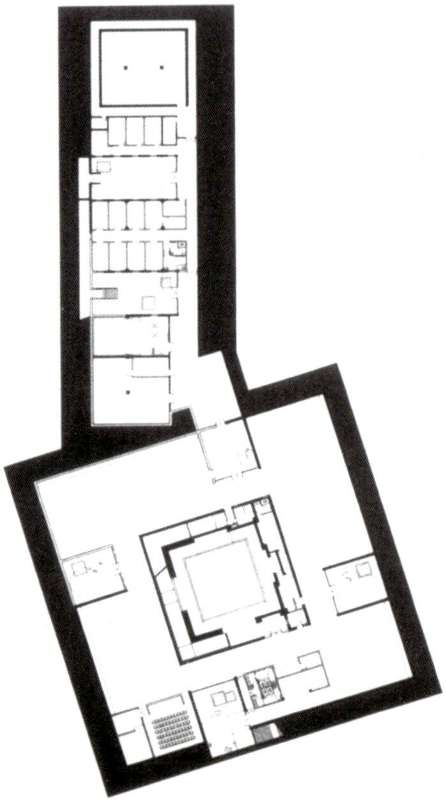

平面图

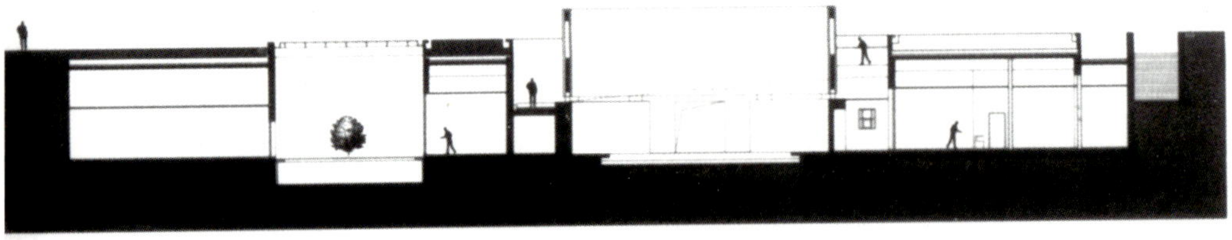

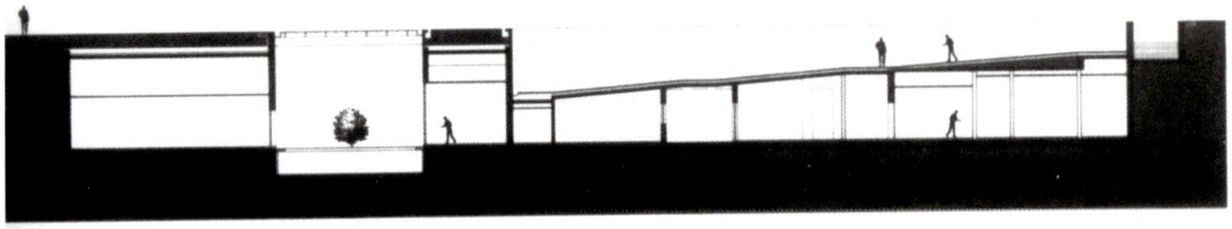

剖面图

全景

外景

室外回廊

内庭

局部

12 中国文字博物馆

设计单位：北京中联华成国际工程设计顾问有限公司
建筑面积：34 500 m²
竣工时间：2009 年

2009

中国文字博物馆位于安阳市人民大道东段距甲骨文的发现地殷墟约 8 km，位于安阳市行政东区中轴线北端。中国文字博物馆是经国务院批准的“十一五”期间国家重点文化工程、河南省重点建设项目，也是安阳市继殷墟世界遗产申报成功后的又一项国家工程、民族工程、历史工程。该馆为国家级文物保护、陈列展示和科学研究的专题性功能场所，是一组具有现代建筑风格和殷商宫廷风韵的后现代派建筑群。博物馆由字坊、广场、主题馆、仓颉馆、科普馆、研究中心、交流中心等组成。主题馆高 32.5 m，主题建筑源于殷商甲骨文、金文所概括的最富哲理、最经典、最神圣的建筑形象——象形文字“墉”字造型，采用殷商时期的浮雕金顶、饕餮纹、蟠螭纹图案和红黑附案的雕墙与雕柱，展现殷商宫殿“四阿重屋”的特征，显示了文字在中国文化

南向外景

发展史中举足轻重的地位。博物馆正门口，两只金色的“玄鸟”各立一边，造型奇特而夸张。经过玄鸟和采用甲骨文“中”字的字坊，只见通向主题馆干道两侧分列 28 片铜质甲骨组成的碑林，隐含了殷商时期最具代表性的两种元素——甲骨文和青铜器，也代表着二十八宿，象征人与自然和谐统一，生动体现了中国古代哲学中“天人合一”的思想。中国文字博物馆通过文物陈列和现代化的展示手段，使历代中国文字样本精华、古汉字的形态特征和演化历程，以及华夏文明与中国语言文字的研究成果得以完美展现。展览包括甲骨文、金文、陶文、玉石文、简牍帛书、历代碑碣、汉字信息印刷术、汉字信息处理、少数民族文字等。博物馆 3 楼设立了两个临时展厅，是中国文字博物馆的点睛之处。

西南向外景

“中”字字坊

甲骨文雕塑

采光天棚

中庭局部

13 许昌市许都大剧院

设计单位：天友（天津）建筑设计股份有限公司

建筑面积：45 000 m²

竣工时间：2010 年

2010

许昌市许都大剧院位于市内东城区，是中国传统建筑元素和现代建筑元素的结合品：其现代化的钢结构屋顶，被设计成极具中国传统特色的挑檐状，而外墙又由厚重的梯形外扭曲和轻盈、通透的玻璃幕墙组成。梯形外墙寓意汉代古城墙，显得极为古朴、庄重；青绿色的玻璃幕墙则使这座建筑处处洋溢着现代气息。大剧院共分为五大功能区域，设有 1 个可容纳 1 200 人的会议观演大厅、13 个中型会议室、1 个多功能大厅和 1 个 3 000 m²的共享大厅，同时还设有精品商业区、为会议配套服务的大型餐厅和配套用房。

外景

局部

大厅

14 林州红旗渠展览馆

林州红旗渠展览馆位于林州市郊，狭长的基地受道路、山坡限定，横跨红旗渠主灌渠的主体建筑及两侧展厅，以化整为零、单元重复、廊道相连的手法形成整体，并通过对坡顶的不同处理丰富了建筑的天际轮廓，透露出一丝新意。

设计单位：郑州大学综合设计研究院
建筑面积：1 000 m²
竣工时间：2002 年

2002

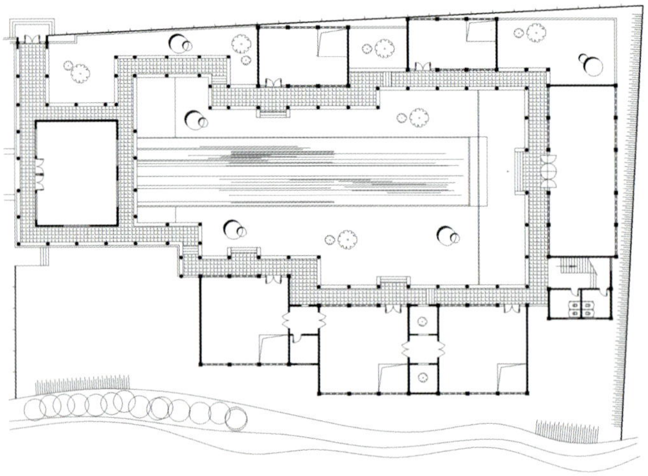

平面图

主馆外景

南向外景

北向外景

15 禹州钧官窑址博物馆

设计单位：东南大学建筑设计研究院
建筑面积：15 188 ㎡
竣工时间：2008 年

2008

禹州市钧官窑遗址分布于老城区北部，遗址面积达 38.5 h㎡，博物馆占地面积 4.6 h㎡，是北宋时期钧官瓷窑。有钧瓷、影青瓷、天目瓷、三彩瓷生产区。现存的宋代“双火膛窑”和“倒焰窑”遗址保存完整，1974 年经河南文物考古研究所考古发掘，1988 年公布为第三批全国重点文物保护单位。2006 年与神垕钧窑址合并称禹州钧窑址，并在钧官窑路北段建造了禹州钧官窑址博物馆。博物馆共三层，局部四层。它的建成有利于文物保护，又丰富了人民群众的精神文化生活，提高了禹州历史文化名城的知名度。

内景

外景

16 漯河国际会展中心

设计单位：清华大学建筑设计研究院
建筑面积：38 800 ㎡
竣工时间：2007 年

2007

位于漯河市郾城区嵩山东路的漯河国际会展中心，总投资 2.2 亿元，占地面积 34.3 hm²。场馆主要包括各类群众活动场所、会议区域和展览区域。其中大剧院位于主体建筑西侧的南部，以会议为主、演出为辅，1 126 个座位；多功能厅位于主体建筑的西侧中部，主要功能为演播、新闻发布等，470 个座位；小型会议室及办公区位于主体建筑的西侧北部，主要功能为举办小型会议和群众活动等；有可容纳 70~120 人的中型会议室 8 个、洽谈室 15 个；另设有文艺、书画创作室及琴房、教室、群众活动室等。大型展览区位于主体建筑的东侧，主要功能为展览展示，室内面积 15 000 ㎡，可设 600 个国际标准展位，室外面积 50 000 ㎡；科技展览区位于大型展览区的南侧。一层为接待大厅和商务中心，二层为科技馆，三层为城市发展馆。

外景

局部

入口

17 南阳汉画馆

设计单位：南阳市建筑设计院
建筑面积：6 000 m²

汉画馆位于南阳市汉画路，是国家一级博物馆，距武侯祠南 1 km，北倚南阳名胜武侯祠，南临白河游览区，环境幽雅，景色秀丽，是一座主要陈列汉代石刻艺术的展览馆。汉画馆造型严谨，布局对称，主立面为五段划分，主次分明，着意突出汉代特征，以具有“汉风”的建筑符号、细部来表现汉画馆的个性，使“形似”与“神似”得到较好的结合。坡顶的孔雀蓝瓦与白色的屋脊、墙面色调和谐，古朴典雅，把南阳悠久的历史与现代文明融合得恰到好处。

外景

18 商丘木兰大剧院

商丘木兰大剧院位于虞城县漓江大道与大同路交叉口，剧院设计等级为丙级。竖向列柱与玻璃幕墙的虚实结合，使外立面造型简洁、优雅端庄。总体布局为对称形式，各功能空间围绕观众厅通过体块高低组合展开，观众厅接近方形，舞台台口宽 19.2 m 、高 7 m 。舞台进深 16 m，一边设侧台，可满足中等规模演出需要。

设计单位：郑州大学综合设计研究院

建筑面积：3 700 m²

竣工时间：2009 年

2009

外景

19 信阳市百花会展中心

设计单位：中外建工程设计与顾问有限公司

建筑面积：20 000 m²

竣工时间：2010 年

2010

信阳市百花会展中心坐落于羊山新区百花园南侧，占地 4 hm²，紧邻行政办公中心，周围环境优美，交通便利。会展中心分为展览中心、会议中心，并规划有商务会馆，同时提供商务、餐饮、金融、网络通信、大型地下停车场等服务设施。会展中心造型简洁明快，外观为单一拱形，尺度巨大，布局简洁合理，重视景观环境的人性化设计。展厅平面布局和结构设计均以实用功能为核心，采用新材料、新技术来创造宜人的展会环境，展示了信阳市独特的形象和气质。

百花园全景

会展中心外景

20 信阳市百花之声歌剧院

设计单位：中南建筑设计院
建筑面积：51 580 ㎡
竣工时间：2010 年

2010

百花之声歌剧院位于信阳市百花城南面，南邻城市主干道新七大道，东靠新十四街。主会场设计座位 1 700 个，主席台宽 18 m、高 10 m，顶台宽 33.6 m，座位最后一排距主席台口 32 m。报告厅两侧设贵宾休息室及卫生间，内部交通除消防楼梯外还设有自动扶梯和景观电梯。建筑外部小间距的柱廊与主入口门廊形成对比，体型规整，富于节奏感。建筑的立面造型以现代风格为主，采用干净整洁的设计手法，体现建筑的雄伟大气和庄重典雅。

外景

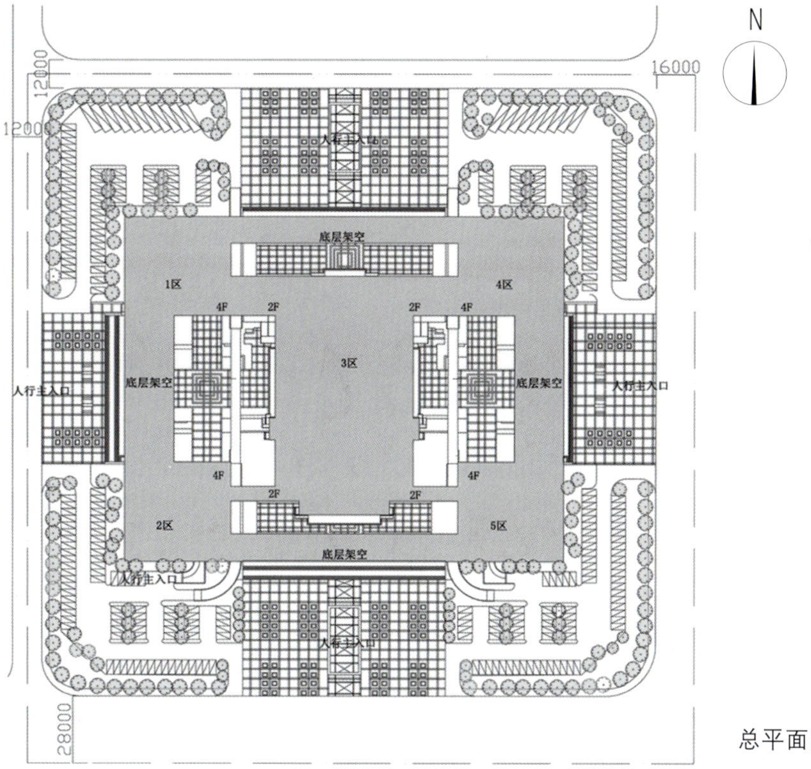

总平面图

21 信阳市百花馆

设计单位：中南建筑设计院
建筑面积：46 810 ㎡
竣工时间：2010 年

2010

信阳市百花馆由信阳市博物馆和信阳市图书馆组成，位于羊山新区新五大道，占地 5.5 h㎡。百花馆规划布局紧凑，建筑设计新颖，富有强烈的现代气息。设计者以简洁的几何形体表现建筑的纯净，大尺度的门洞与错落跳跃的窗口形成对比，虚实相生，规整中见灵动，达到工整与意趣的较好平衡，抽象的形体和光影效果突出了建筑的现代感。内部空间形态自由变化，营造了一个逻辑清晰的建筑场所。

外景

局部

22 信阳市百花城

设计单位：中南建筑设计院

建筑面积：45 000 m²

竣工时间：2010 年

2010

信阳市百花城由信阳市城市规划馆和信阳市国土地质博物馆组成，西侧紧邻羊山新区中心的城市开放空间——市民广场，基地的西北角与新的行政中心隔街相望。建筑形体上将两个展馆通过入口柱廊相连，建筑高度上一致，形成一体。建筑风格庄重、朴实、大方，与园区其他建筑相协调，功能完善，布局合理，流线清晰。造型设计体现简洁明快的现代风格，具有庄重性、开放性、亲和力和时代感。外立面装修采用玻璃幕墙和石材幕墙，恢宏大气又不失丰富细腻。建筑回合的内部庭院空间，通过入口与外部空间形成视觉的连续及空间的渗透。建筑的细部处理展现出其特有的地域性和文脉的传承。

局部

外景

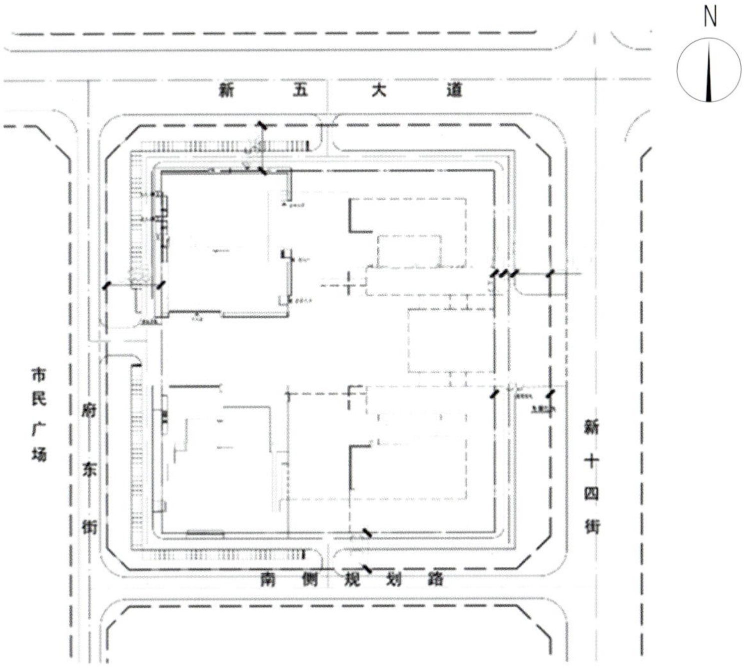

总平面图

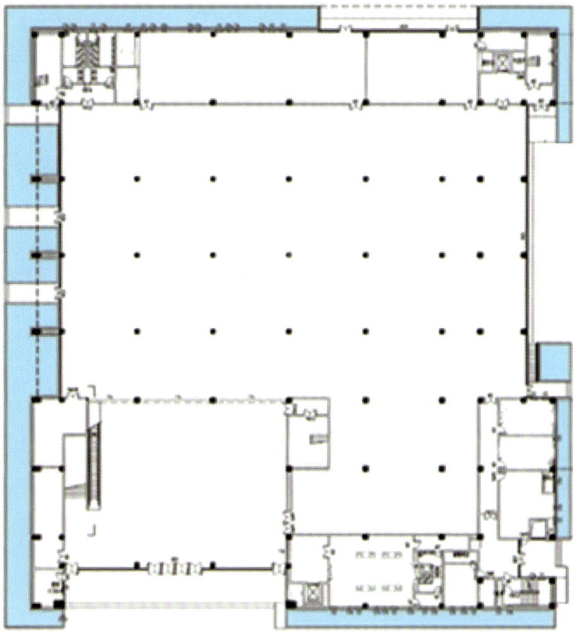

平面图

23 驻马店市图书馆

设计单位：苏州园林设计院
建筑面积：34 355 m²
竣工时间：2008 年

2008

驻马店市图书馆位于驻马店市文明路黄淮学院北区附近，占地面积 1.1 hm²，由书库、开架阅览室、活动室、报告厅、会议室及其他服务用房组成，是集阅览、自习、教学、办公于一体的综合性建筑。作为文化岛的中心建筑，它延续了黄淮学院校园总体规划，与开源河两侧绿化带和周边建筑、环境和谐统一。图书馆南北两部分之间连以走廊，满足功能上的有机联系。主次入口、广场、停车区、行人及机动车通道布局清晰，互不干扰。建筑在造型上汲取我国地方建筑元素进行组合、兼容，成为驻马店市和黄淮学院新校区的亮点。

东北向外景

北向外景

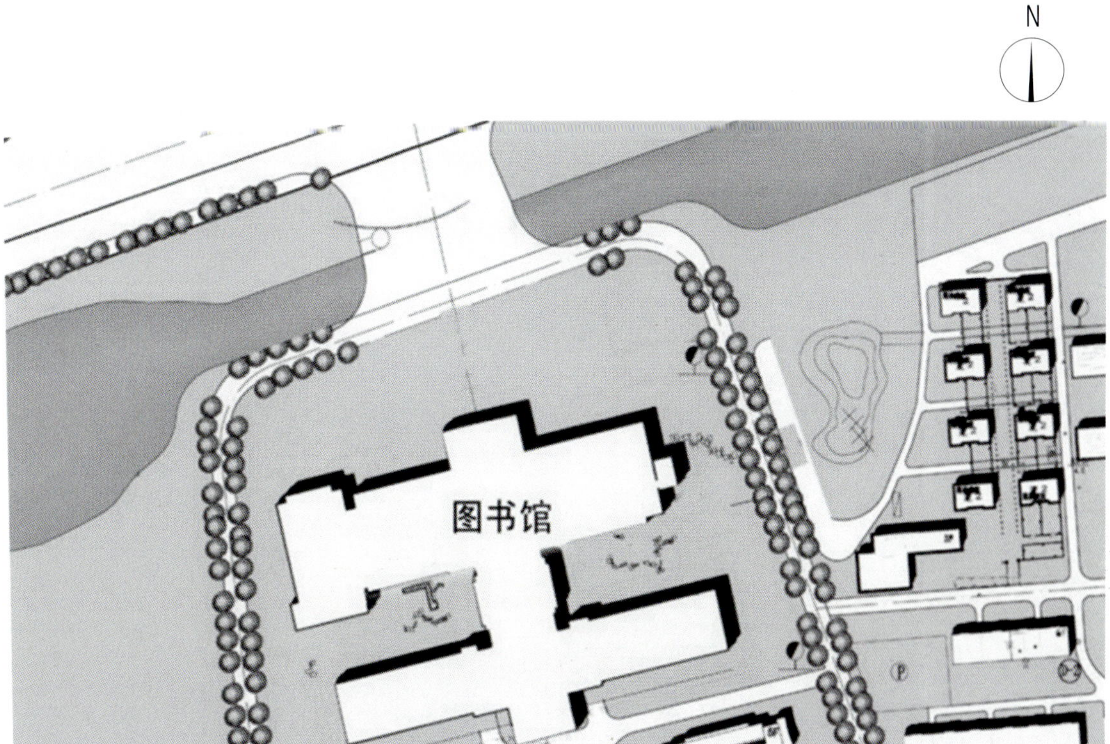

总平面图

Selected Architecture in Central China *Public Architecture in the 21st Century*

24 驻马店市会展中心

设计单位：驻马店市建筑勘察设计院

建筑面积：19 513 ㎡

竣工时间：2005 年

2005

驻马店市会展中心位于驻马店市新区核心区内，北邻新区主要干道开源大道，东接乐山路，西邻骏马路，地块东西长约600 m，南北宽约300 m，是一座集会议、演出、展览于一体的现代化标志性建筑。其整体造型前卫，现代感强，船形屋顶寓意经济巨轮，富有创意，天中大厅及屋顶构架设计表达了具有地域特色的天中文化内涵。

南向外景

东南向外景

观众厅

25 济源市文化城

设计单位：	中国建筑技术集团有限公司中南分公司
建筑面积：	43 000 ㎡
竣工时间：	2007 年

2007

济源市文化城位于济源市沁园路与学苑大街交叉口东南角，其功能主要是文娱演出场所，采用框架结构形式。济源市文化城建于边长 137.6 m 的方形平台之上，庭院呈 U 字形。建筑外观稳重大方，结合浮雕突出济源市悠久的历史文化；内部布置形式活跃，简洁现代，色彩强烈。文化城内外的对比，恰当比喻了具有厚重历史的济源在现代化过程中，富于创意和热情的城市形象。

全景

局部

26 济源市城市规划展览馆

设计单位：泛华集团设计院
建筑面积：6 803 ㎡
竣工时间：2010 年

2010

济源市城市规划展览馆位于济源市沁园路，是济源市 2008 年重点建设工程。整个建筑呈不规则的 L 形，与科技馆各占一条边，交界处通过一个圆形共享大厅连接，主要分为四大功能区：城市规划展览区、科学技术展览区、公共活动区、内部办公服务区。济源市城市规划展览馆、科技馆在设计时坚持功能第一和可持续发展理念，注重生态系统和以人为本，为工作人员和参展人员创造家园般的内部立体生态系统和外部多层次绿化系统。另外，整个建筑还强调文化底蕴和时代特征，采用传统形式构图，灵活组合建筑元素。

全景

穹顶

27 王屋山地质博物馆

设计单位：华中科技大学建筑设计研究院
　　　　　河南省地质调查院
建筑面积：5 300 m²
竣工时间：2005 年

2005

王屋山地质博物馆的设计，从保护地形、地貌及自然植被出发，利用当地材料及传统技术，组织不同专业团队合作，在绿色理念的指导下，创造了属于深山的具有特殊场所的国家地质博物馆。

外景

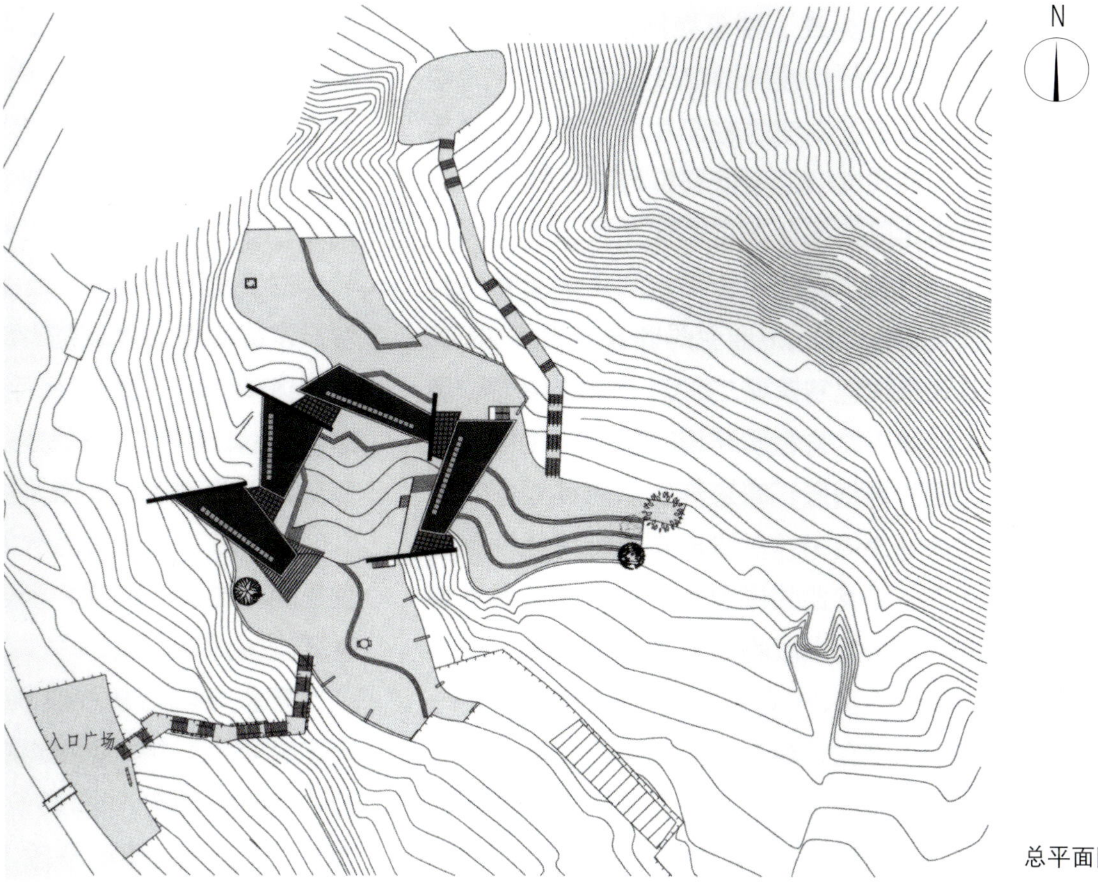

总平面图

局部

二 教育科研建筑

教育科研建筑主要指为教育活动提供服务的建筑，包括学校建筑、幼儿园、青少年活动中心、社区教育中心、图书馆以及为高校科研服务的大学科技园区等建筑类型。其中学校建筑主要分为中、小学学校两种类型。

河南省高等教育发展相对落后，长期低于全国发展平均水平。21 世纪以来，河南省社会经济建设进入快速增长时期，省政府紧紧抓住国家高校建设的有利时机，河南省高等教育规模实现了跨越式发展，进入快速发展期。高校新校区建设也实现了新的突破，占地 319.7 hm^2 的郑州大学新校区及占地 122.7 hm^2 的河南大学新校区建设，代表了河南高校校园建设的新形象。借助全国高校大学城建设及郑州郑东新区建设的契机，在郑州市东部规划建设占地 670 hm^2 的龙子湖高校园区，十余所高校进入园区建设新校区，现在已经形成规模，进入正常的教学科研阶段。郑州龙子湖高校园区已成为郑州最具活力的四大高校园区之一。河南省各地高校新校区建设彰显了河南省高等教育由小到大、由弱变强、由分散到集聚、由设施封闭到资源整合的发展阶段。

高校新校区建设呈现出学校规模标准化、建设规范化和建筑人性化的特征。学校规模标准化——新校区建设从选址、征地到规划建设都体现高标准、规范化特征，学校建设用地、招生规模和设施配置等都严格按照学校类别和国家建设指标严格控制，避免了过去高校盲目发展带来的生均用地偏低、高校环境拥挤不堪的现象；学校建设规范化——新校区建设从整体规划到建筑设计都经过严格招标程序，从国内知名的设计单位中选出优秀的设计方案，从而保证了学校总体规划的功能合理、空间布局的完整有序及分期建设的持续统一，一张蓝图绘到底，避免了过去见缝插针式的建设模式；学校建筑人性化——进入 21 世纪的学校建筑，无论是整体规划，还是单体建筑的外部设计和内部功能，以人为本的设计思想已是无可争议的事实，学校建设从整体规划到单体建筑都处处体现出以学生为本的设计理念，如功能分区、环形路网、人车分流、组团建筑等现代高校的规划思路与设计手法。学校各组团建筑与环境建设之间都体现整体性思想，统一规划，分期建设，不同区域建筑空间之间保持完整的有机统一，协调一致。

28 郑州大学新校区

总体规划设计：华南理工大学建筑设计研究院
主要建筑设计：清华大学建筑设计研究院
华南理工大学建筑设计研究院
天津大学建筑设计规划研究总院
郑州大学综合设计研究院
建筑面积：1 650 000 m²
竣工时间：2002 年

2002

郑州大学新校区坐落在郑州高新技术开发区。新校区占地面积 319.7 hm²，总规划建筑面积 1 650 000 m²。校园设计功能分区明确，交通流畅。西侧布置宿舍区，东侧布置院系教学区，中区布置公共建筑、核心教学组团和核心景观区。建筑风格敦实厚重，体现历史感，建筑体量一般不超过六层，外装饰材料以面砖、石材、金属为主。

核心教学组团位于新校区中心，整个核心区的建筑采用了四周低而中央高的设计，犹如在平原中升起的高台，是对中原“高台建筑”传统理念的契合。整个西面的建筑沿弧形规划道路，逐级上升形成坡道，坡道屋面设置屋顶花园，沿屋面平缓台阶可以从地面到达各栋教学楼。平台花园使原本平面均质的校园空间增加了立体层次，大大丰富了师生交流活动的空间，沟通了整个教学区的室内外空间。

理科组团在设计中运用了以分型为联系模式的系馆综合体的概念，以位于 6 个系馆中央的共享大厅为核心，延伸出一系列广场、庭院，高差错落，丰富生动，尺度宜人，而贯穿系群的南北与东西轴线，使整个地块的外部空间成为弹性延伸的共享交流系统。建筑的每一个界面都有让人感到亲切的尺度，且整体协调，使用者徜徉其间可以感受

南大门

到欧洲中世纪“学院街”的空间体验，重新找回步行的乐趣与偶遇交谈的可能。

工科组团在设计中根据功能和面积差异分为三个组团。每个组团均使用庭院来组织平面布局。建筑立面巧妙地处理了虚实、凹凸关系，具有强烈的韵律感，增强了整个建筑群整体的和谐统一。同时，把明黄、橙、红等原色运用到设计中，不仅没有过分刺激之感，反而能画龙点睛。

人文社科组团位于郑州大学新校区的东北部，西邻学校主要教学区和学生宿舍，东靠学校东门和家属住宅区，北侧为校园的发展用地，南侧面对图书馆、理科楼群。建筑总体风格平和、稳重，充分体现人文内涵和精神特质。不同尺度、围合度的院落，将人文社科组团的九个系馆有机组织起来，既有自身的小院落，又有系馆共同的大院落，形成一个相互交流、渗透的有机整体。

医学组团位于新校区的北部。建筑群的平面采用L形布局，既可以在校园的主要道路上形成完整的沿街景观，又可节约用地，为将来的发展预留空间。在设计中通过多个院落组织各个院系，为使用者提供了多层次的交流空间和机会。部分建筑处理成底层架空的形式，将校园景观引入建筑内部庭院的同时，又可结合内部功能作为室外的咖啡休闲场所。建筑立面开窗自由而有序，给人以强烈的韵律感及视觉上的连续性。

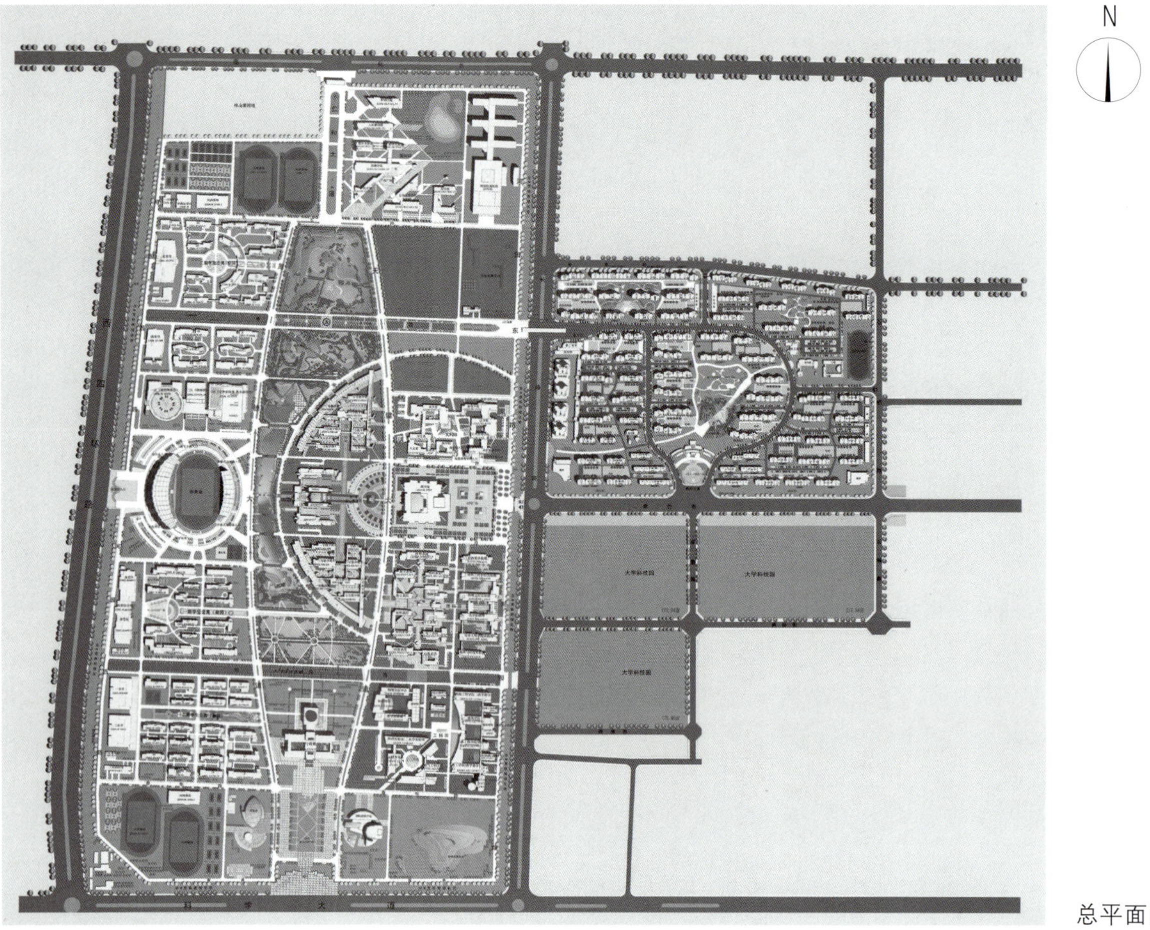
总平面图

行政楼外景

图书馆外景

核心教学组团钟塔广场

核心教学组团全景

工科组团内院

工科组团外景

理科组团外景

理科组团局部

理科组团中心广场

人文社科组团外景

人文社科组团下沉广场

人文社科组团内院

医学组团外景

医学组团局部

29 河南工业大学新校区

设计单位：中讯邮电咨询设计院

建筑面积：110 000 ㎡

竣工时间：2004 年

2004

河南工业大学新校区位于郑州市高新技术产业开发区西大学城，总体规划沿袭了“中轴线对称”、“中心主楼、广场”的传统手法，严谨有序。中心教学组团和理工教学组团层数为 5 ~ 6 层，主体建筑高度为 22 m，框架结构，设计强化新校区总体规划中关于教学中心区的规划理念，教学区规整有序，形成庄重严谨的校园中轴线，同时采用中国传统的方法处理中轴线上的广场、道路和空间。空间序列设计运用中国文化所独有的“起、承、转、合”的序列章法，将学校大门、前广场、教学楼、中心广场、图文信息中心统一设计，共同构成互依共存的建筑群，使沿中轴线展开的空间变化有致，协调合理。

教学组团外景

全景效果图

教学楼西南向外景

教学楼东南向外景

风雨操场外景

大门

30 郑州科技学院图书馆

设计单位：郑州市建筑设计院

建筑面积：25 345 ㎡

竣工时间：2008 年

2008

郑州科技学院图书馆位于郑州科技学院教学区的中心地带文化广场西侧，是教学中心区的重要建筑。平面布局采用 U 形，使图书馆自然分为南、北、西三翼的布局。建筑各翼通过 5 部楼梯有机相连，既紧密联系各功能单元，又最大限度地减少了交通面积。建筑立面采用极其强烈的虚实、水平与垂直的对比，形成了丰富的光影效果。竖向的柱廊，挺拔俊朗的竖条窗，高耸的钟塔，悬挑而出的室外展廊，在水平台阶、收分基座的衬托下极富艺术感染力。

外景

局部

31 郑州轻工业学院教学大楼

郑州轻工业学院位于郑州市东风路，教学大楼位于校园主轴线的端部，建筑造型庄重大方。主楼分三段，两侧的附楼一高一低，形成错落的建筑形体，中部顶层为门洞造型，植入巨大的倒圆锥，加强了主体的标志性。

设计单位：河南省建筑设计研究院
建筑面积：34 000 m²
设计时间：2005 年

2005

外景

局部

32 河南大学新校区

总体规划：	同济大学建筑设计院
建筑设计：	同济大学建筑设计院
	河南省建筑设计研究院
	郑州大学综合设计研究院
	机械工业第四设计研究院
建筑面积：	400 000 ㎡
竣工时间：	2005 年

2005

河南大学新校区占地面积 122.7 h㎡，主要单体建筑包括图书馆、各院系教学组团、校行政办公楼、文体活动中心、国际交流中心等。校园总体规划既保持了传统中轴的核心建筑群，又结合教学、行政、运动、学生宿舍进行功能分区。新校区规划集中体现了“教学互动、资源共享、高效运作、持续发展”的高校园区规划设计理念。校园平面酷似古代青铜器钺，折线环形机动车道与 Y 字形人行景观步道相结合，构成新校区的总体道路骨架。Y 字形的步道， 打破了呆板严谨的方格路网，强化了灵活自由的校园空间特征。斜向轴线贯穿校区，由北向南依次为生化学院、人文学院、管理教育学院、核心教学组团、理工教学组团和研究生教学组团六组建筑群体，由东北至西南交替展现了建筑与自然的完美结合。

工商管理学院外景

图书馆外景

综合教学组团外景

理工组团外景

后勤服务中心外景

Selected Architecture in Central China *Public Architecture in the 21st Century*

33 河南城建学院西校区综合教学楼与规划建筑系系馆

综合教学楼

设计单位：河南省建筑设计研究院
建筑面积：31 737 m²（综合教学楼）
12 144 m²（规划建筑系系馆）
竣工时间：2003 年

2003

河南城建学院西校区位于平顶山市明月路，综合教学楼位于学院西校区 2 号实验楼西侧，中心广场南侧，南邻校区主环道，总体格局为“正”字形。三排主教学楼均为六层，从北到南依次排列。南边一排的西侧是结构实验室，北边一排的西侧是继续教育学院，通过架空平台进入西侧主入口，中间是贯穿南北的宽大厅廊，两端是建筑门厅和主要入口，两层通高厅廊的西侧嵌入阶梯教室。造型构思首先是以结构实验室用密肋网格构架包裹的深色实体为“核心”，其次采用不同质感的灰白色外墙，再利用构架的手法丰富其外延，逐渐过渡到整个建筑群体。建筑风格简洁朴素，摒弃繁琐而多余的装饰，突出综合教学楼的理性与严谨，运用大块面、大线条的手法，追求一种建筑的力度感和视觉冲击。色彩方面选用了灰色系列，用灰白、深灰色搭配。材料选用方面以不同质感面砖，搭配使用涂料、玻璃、铝合金框料。室内外材料相互借用，内外空间相互渗透，体现了当代科教建筑的特色。

局部

外景

中庭

大厅

规划建筑系系馆

学院规划建筑系系馆位于学院西校区3号系馆楼以西，南邻林荫大道，西邻中心广场北端，北与学生生活区隔路相望，西北斜对学生活动中心用地。该建筑平面为“口”字形，由建筑中庭与内庭院互相渗透而成。建筑通过简练的形体语言，用体块穿插、虚实对比塑造并丰富了建筑空间。建筑造型根据建筑使用空间和交通空间两部分采用不同的处理手法：使用空间根据北方的气候特点以实为主，结合教学使用功能采用通窗设计，最大限度地引入阳光，建筑色彩以灰白色面砖为主调，局部采用深色面砖点缀；交通空间则以虚为主，满足通风、采光的要求，同时也产生了强烈的虚实对比，减轻了建筑对周边环境的压迫感。系馆虽独具自身的风格个性，但在立面处理上却依各个建筑界面所处的环境、空间性质的不同而采用不同的建筑语汇，强调与新校区各单体建筑的对话关系，在变化中求统一。

东南向外景

南向外景

内院

大厅

34 鹤壁职业技术学院图书信息中心

图书信息中心建筑主体 5 层，运用柱廊、矩形长窗、宽大台阶、入口内庭等多种建筑元素与符号，构成体形方正的图书楼。柱廊与构架的灰色空间成为该建筑的主体与灵魂。红色面砖加上白色分割线以及叠合线组成的檐部，增加了些许庄重与凝练。

设计单位：鹤壁市建筑设计院
建筑面积：12 566 m²
竣工时间：2007 年

2007

局部

外景

35 河南师范大学图书馆

设计单位：郑州大学综合设计研究院
建筑面积：27 500 m²
竣工时间：2001 年

2001

河南师范大学位于新乡市建设东路，图书馆在校园主入口的中轴线上，馆前的花园式广场绿地、小品与硬质地面相互结合，其布局为钟形，寓意钟声阵鸣。建筑风格比较严谨、简洁。宽大的 4.5 m 高的台阶引向高大拱门状的主入口。深色的基座部分与浅色面砖的墙面色调对比强烈，风格端庄。

南向外景

局部

36 河南理工大学新校区

设计单位：天津市建筑设计研究院

建筑面积：607 213 m²

竣工时间：2003 年

2003

河南理工大学新校区位于焦作市高新区，占地面积 197.7 hm²，其建筑设计以绿色园林化校园为理念，依托现有的自然环境和条件科学构思，体现了人与自然、建筑与自然的和谐交融，是一处优美的学习、工作和生活环境。校园规划设计充分利用各种资源，创造水与景的融合，营造诗情画意、陶冶情操的景观校园；延续中原历史文化，实现地域文化与校园文化的有机结合，形成浑然一体、体现现代先进文化内涵的校园环境。校内的建筑和配套设备，功能合理、设施先进，具有较强的通用性和灵活性，适应高科技发展和教学方法、科研手段更新的需要。

综合楼外景

南大门

行政楼外景

西大门

图书馆外景

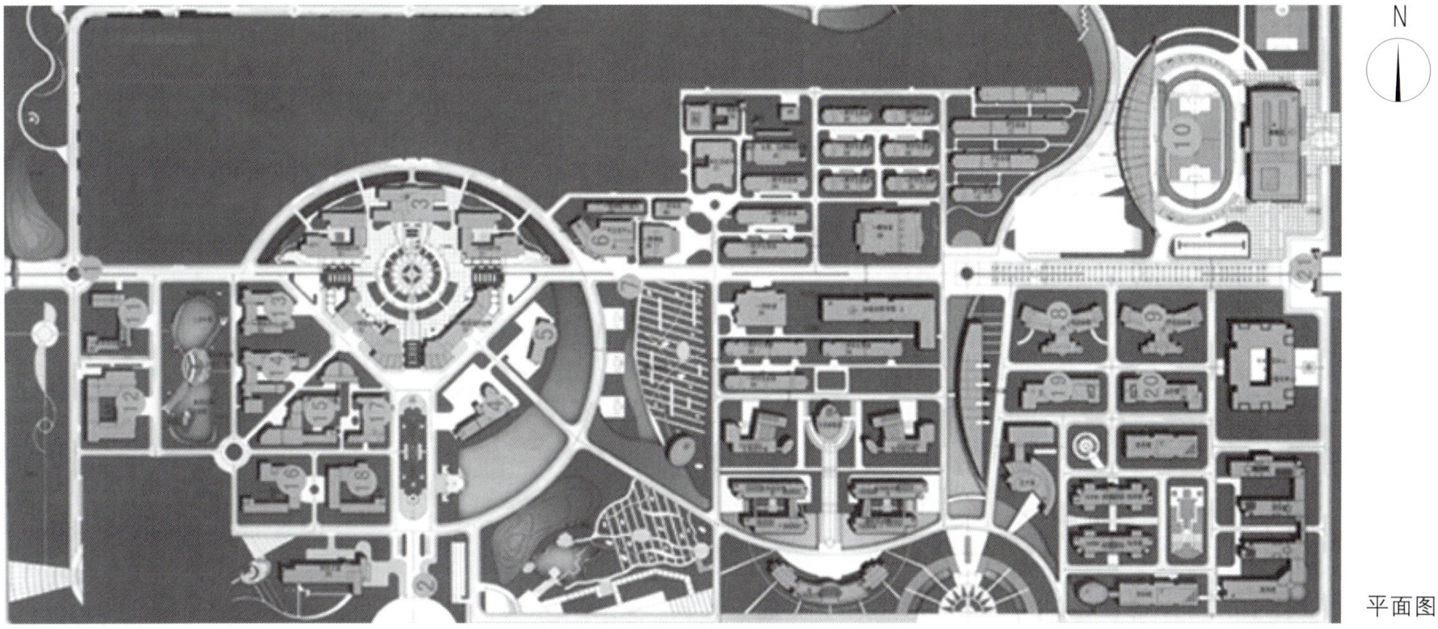

平面图

37 濮阳职业技术学院

设计单位：濮阳市规划建筑设计研究院
建筑面积：260 000 m²
竣工时间：2005 年

2005

濮阳职业技术学院位于濮阳市黄河路西段，紧邻京九铁路、濮鹤高速公路，占地面积77.5 hm²。主轴线上的校门、中心广场、图书馆、大礼堂、风雨操场构成了校园“主动脉”及步行通道，总体布局分区明确、协调，环境优美，通过线性交通创造教学、交流、生活一体化的全方位、多层次共享体系。造型风格以突出现代建筑简洁、大方为原则，结合学校周边环境及校园空间规划，以优美的体形、自然的空间形态、精致的细部和统一的色调，营造出亲切宜人的校园环境。

行政楼外景

大门

图书馆外景

教学楼外景

学生餐厅外景

38 南阳理工学院国际会馆

设计单位：郑州大学综合设计研究院
建筑面积：1 500 ㎡
竣工时间：2001 年

2001

南阳理工学院国际会馆位于南阳理工学院校园西南角的国际会馆，是一座小型的集报告厅、展览厅、会议室于一体的庄园式文化建筑。设计方案通过序列、穿插、悬挑、切角、虚实等手法，把多种功能有序地组织在一起，使造型有一定视觉冲击力，却无堆砌、琐碎之感。色阶微差、错列的面砖使主体墙面在多体块组合中获得了一致，加之点缀的白色块面起到一定的点睛作用，表现了对细节的关注，使这个小型会馆呈现出几分精致。

外景

报告厅外景

大厅

内院

39 河南省实验中学

设计单位：河南徐辉建筑工程设计事务所
建筑面积：78 000 ㎡
竣工时间：2004 年

2004

河南省实验中学位于郑州市文化路中段，是一所花园式学校。学校入口内广场左侧的逸夫科技楼，白色的墙体、简洁的开窗形式和入口的大片玻璃幕墙形成了清新明快的建筑风格。逸夫科技楼和南面大片的绿地围合成入口广场。广场的东侧是教学综合楼，位于中间轴线上，西立面采用严整的对称构图，突出教学楼在整体布局中的中心位置，墙面以红色面砖为基调，辅以白色线脚勾勒，清新悦目。

教学综合楼西向外景

教学综合楼东南向外景

逸夫科技楼外景

40 郑州市第一中学新校区

设计单位：北京清华城市规划设计研究院
建筑面积：85 400 m²
竣工时间：2006 年

2006

郑州市第一中学新校区位于郑州市中原西路，总占地面积约 22 hm²，由教学区、综合区、运动区、公共活动区等不同功能的建筑以连廊围合而成的入口中心广场，既是师生室外交流的主要场所，也是举行全校公共集会的地方。步行连廊平面呈风车形，通过四个方向伸展出的四条连廊将校园内主要建筑连成一体。连廊既起到划分各功能区的作用，也是紧密连接各分区的主要步行系统。支廊的南侧设置有 30 m 宽的步行景观绿化带，满足了大量学生人流的通行，成为连接学生生活区和教学区、综合区的另一主要步行通道 。

教学综合楼外景

教学楼外景

体育馆外景

体育馆内景

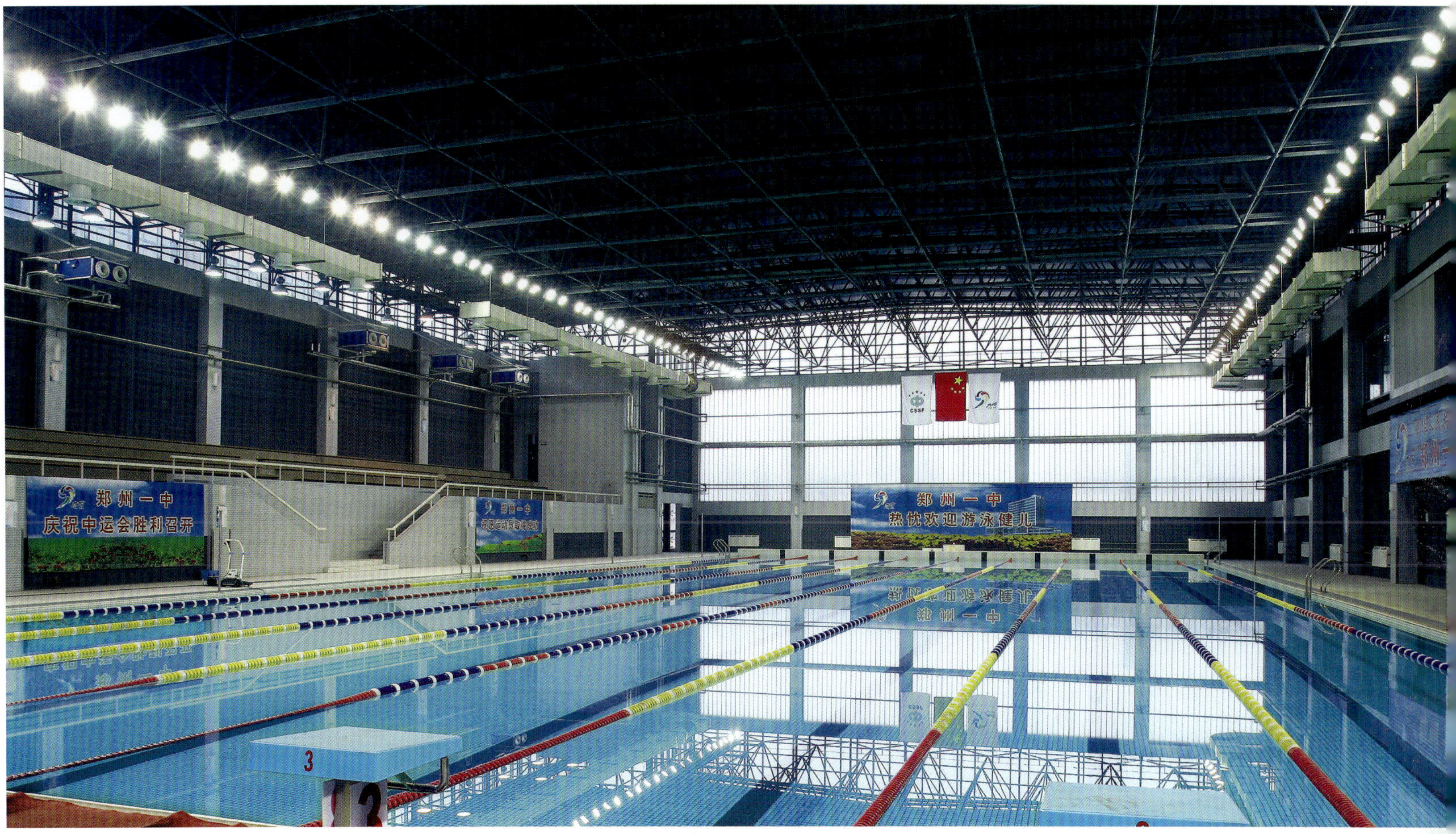

游泳馆内景

41 郑州市第四十七中学高中部

设计单位：深圳市宝安建筑设计院
建筑面积：87 000 ㎡
竣工时间：2003 年

2003

郑州市第四十七中学高中部校园位于郑东新区祭城路，规划取“辟雍泮水”之意，以文化景观与景观轴形成三个区域，表达人与自然的“和合共生”之意。教学楼、生活区、运动区形成犄角之势，三大功能区既分离又联系方便，无流线交叉；南门为学校主入口，以高塔、柱廊、广场形成文化主轴；北门为图书馆入口，方便社区使用；东门为实验楼入口，方便与生态基地的联系；西门为生活区入口，方便生活区与郑东新区中央商务区的联系。

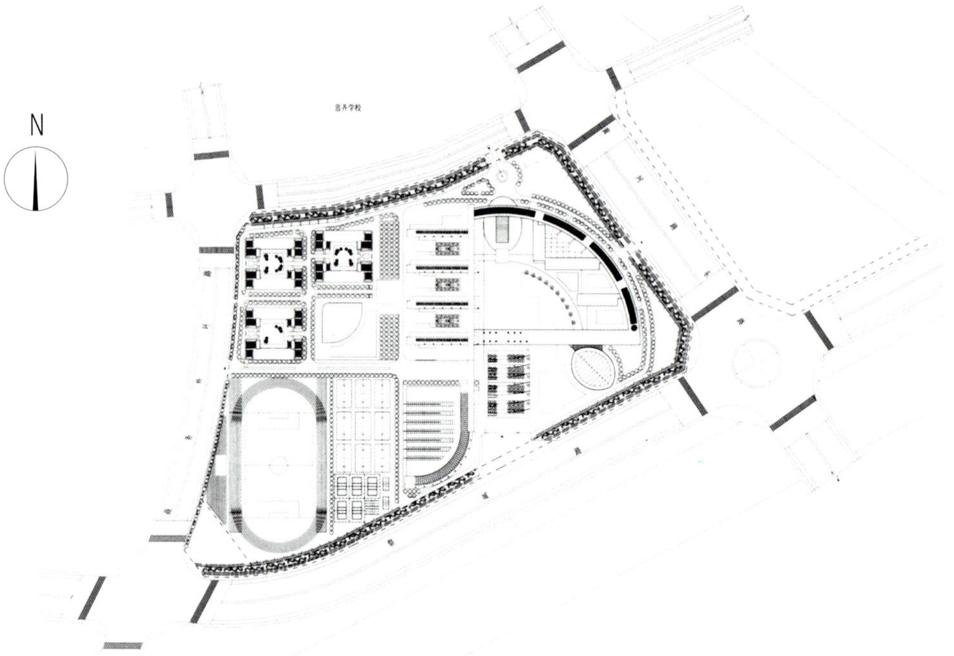

总平面图

大门

教学楼外景

体育馆外景

图书馆外景

42 郑州市外国语中学

设计单位：郑州大学综合设计研究院

建筑面积：22 236 ㎡

竣工时间：2007 年

2007

郑州市外国语中学位于陇海西路，在拆旧建新基础上进行规划，用地 1.6 hm²，规模为 30 个教学班。校区对教学、实验和办公三个功能区通过带中庭的“品”字形布置进行划分，并通过交流平台将三者有机而紧密地结合起来，形成架空层、交流平台、中庭、庭院及开放空间等不同层次、不同景观特色的空间序列。

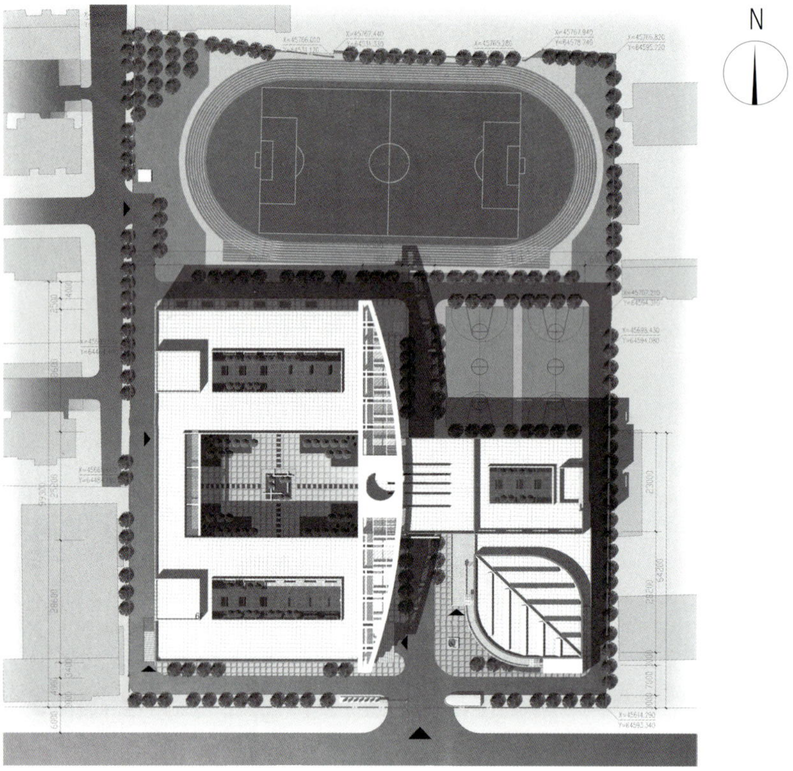

平面图

鸟瞰

教学楼外景

校园广场

音乐厅内景

43 郑州市外国语中学新校区

设计单位：郑州大学综合设计研究院

建筑面积：60 000 m²

竣工时间：2001 年

2001

郑州市外国语中学新校区位于郑州高新技术开发区枫杨街，占地 10.98 hm²。基地规整，分区明确，总体布局划分为入口广场、教学行政区、运动场区、教工住宅区。入口广场由教学楼行政办公楼围合而成，主入口有一块流线型巨石，广场呈椭圆形，选用不同材质图案布置广场地面，营造出典雅、活泼的氛围。行政办公区隔着风雨球场和花园，动静分区明确。各教学楼之间用弧形和直线走廊相连接，消除了教学楼、实验楼成行排列的单调感。连廊与中间的教学楼均将底层架空，增强了视线的通透与开阔感，使师生在风雨天也可以进行各种活动，也为学生提供了学习和活动的"第二课堂"。将绿化引入建筑庭院及其内部，形成了富有个性的校园园林环境。

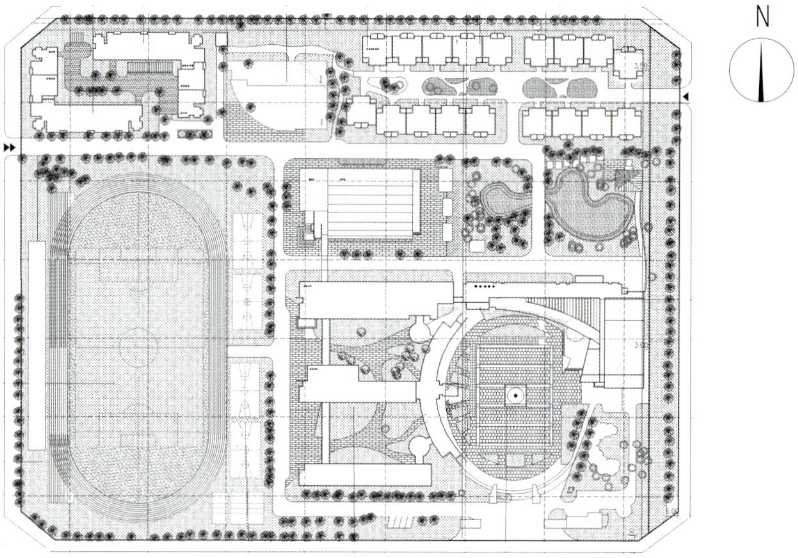

总平面图

行政办公楼外景

行政办公楼局部

行政办公楼外景

食堂全景

44 焦作市第一中学新校区

焦作市第一中学新校区位于焦作市高新区山阳路，西邻河南理工大学，区位优越，交通便利。教学组团通过连廊连接，布局规整、井然有序，既方便了师生的通行，又可以避免日晒雨淋，充分体现了学校规划设计中功能复合的概念。建筑层次富有变化，建筑群体造型协调有序、功能齐全。良好的校园环境和教学设施为学生们提供了优越的学习条件。

设计单位：中色科技股份有限公司

建筑面积：105 000 m²

竣工时间：2004 年

2004

校园广场

办公楼外景

报告厅外景

教学楼庭院局部

45 济源第一中学新校区

设计单位：	北京清华安地建筑设计顾问有限公司
	郑州大学综合设计研究院
	中石化洛阳设计院
建筑面积：	180 000 ㎡
竣工时间：	2004 年

2004

济源第一中学新校区位于济源市学苑路东段，周边文化气息浓厚，校园整体风格恢宏大气，独具特色。新校区按教学、食宿和体育运动三个分区合理布局，可满足8 000余名学生的学习需要。教学区由三幢教学楼和一座实验楼组成，用连廊相互连通。生活区由六幢学生宿舍楼、三幢餐厅和一幢服务楼组成。体育运动区有一个400 m标准跑道，并带有看台，能满足学校日常体育锻炼、竞技比赛和集会的需要。

大门

大门局部

46 济源市沁园中学

设计单位：	泛华集团 河南设计分公司
建筑面积：	49 500 ㎡
竣工时间：	2009 年

2009

济源市沁园中学创建于 1982 年，地处济源市黄河路西段。根据地形进行了合理、科学的规划布局，行政办公楼、综合教学区以及各年级专属教学楼与体育运动区、学生生活区联系紧密，建筑风格统一。教学组团采用“半开放式院落”布局设计，通过校区中轴线上的主校门、广场、行政办公楼、南广场、运动区域的空间序列，形成多层次的公共空间。

主教学楼外景

教学楼连廊

47 中牟县新圃街小学

设计单位：郑州大学综合设计研究院
建筑面积：11 425 m²
竣工时间：2009 年

2009

中牟县新圃街小学位于中牟县商都大道北侧，共设 36 个教学班，功能分区明确，设施完善。教学区建筑为三排行列式布局，院落宽敞，间距恰当，通过西侧大厅、连廊的连接形成整体。主入口外侧设有弧形景墙，北端有树木枝干图案，寓意“十年树木，百年树人”，使外部空间层次丰富。西南端竖钟塔一座，上托圆形火炬盘，以纪念 2008 年我国首次举办奥运会，整体造型新颖且具时代感。

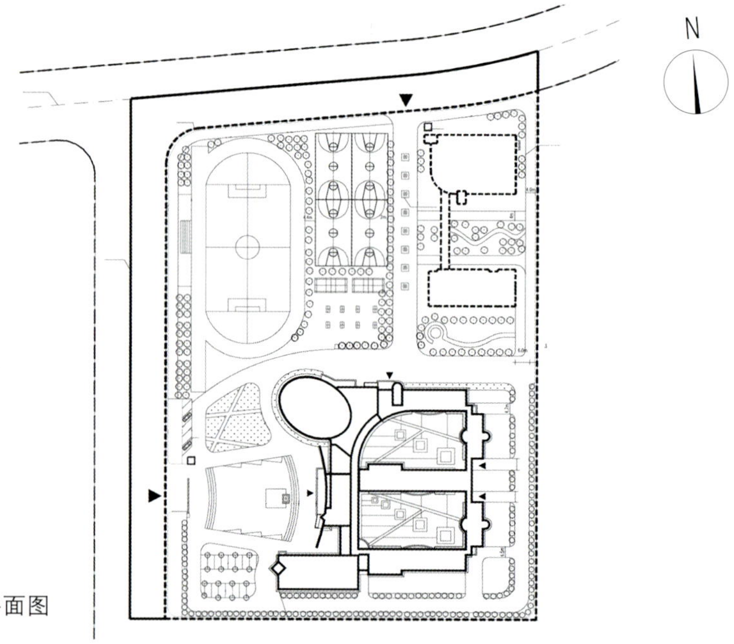

总平面图

全景

主入口

门厅

庭院

48 濮阳市昆吾小学

设计单位：河南省城乡规划设计研究院
建筑面积：12 256 m²
竣工时间：2006 年

2006

濮阳市昆吾小学位于濮阳市昆吾南路，占地 1.5 hm²，学校规模为 30 个教学班，可容纳 1500 名学生就读。校园平面呈“V”形布局，由教学楼、行政楼、报告厅、艺术楼四部分组成，以四层弧形连廊把各区连成一个建筑群体，方便师生在各楼之间的联系与交流。校园布局灵活、空间丰富，色彩明快，满足小学校园清新活泼的儿童心理需求。

主入口外景

教学楼外景

教学楼庭院

49 许昌市东城区实验学校

设计单位：河南埃德莫菲建筑设计有限公司

建筑面积：15 188 m²

竣工时间：2009 年

2009

许昌市东城区实验学校位于许昌市前进路以南、魏文路以东，占地面积 5.9 hm²，是实行封闭式管理寄宿制、生态园林式的九年一贯制学校。建筑以高低起伏、错落有致的建筑天际线，演绎了现代版围合的庭院布局，坡屋顶建筑给人以鲜明、生动、活泼的视觉形象，完美地诠释出建筑的性格特征。内部功能空间的连续性，提供了可休息、嬉戏的空间。建筑立面采用竖向线条造型，主要运用黑、白、红三种颜色搭配分割墙面，增加校园建筑的活泼感。

大门

庭院

局部

50 河南省实验幼儿园

设计单位：河南省建筑设计研究院

建筑面积：38 000 ㎡

竣工时间：2004 年

2004

河南省实验幼儿园位于郑州市金水区纬五路 19 号，是直属于河南省教育厅的一所省级示范幼儿园，拥有 45 个教学班，设有网络监控、消防、地板采暖、太阳能、冷热水等系统，并有室内恒温幼儿游泳馆、溜冰场、演播厅及各种专用活动室、辅助教室、多功能厅和地下停车场等，可容纳婴幼儿 1 400 名。新改建的河南省实验幼儿园在建筑功能上呈现全优化，艺术上达到童趣化，建筑材料上保证安全化，建筑品质上体现科技化。

外景

主入口

51 郑东新区海文实验幼儿园

设计单位：上海同济大学建筑设计研究院
机械工业第六设计研究院
建筑面积：24 786 m²
竣工时间：2007 年

2007

海文实验幼儿园位于郑东新区黄河路东侧，与新区水系相连接，南侧与城市绿带相望，西侧为郑州市第四十七中学，分为幼儿研究中心与幼儿教育研究中心两部分。建筑设计力求传统与现代的统一融合，基于基地及项目自身的特点，提炼出建筑设计的独特特点。

外景

局部

Selected Architecture in Central China *Public Architecture in the 21st Century*

52 郑州市青少年宫

郑州市青少年宫位于郑州市中原西路与嵩山路交叉口处，南面是绿城广场，北邻碧沙岗公园，设有通廊与原有的青少年宫剧场相接。半圆形斜切与穿插的圆柱体构成了建筑主体，弱化了建筑高度，线条流畅，简约活泼。

设计单位：郑州市建筑设计院
建筑面积：11 100 m²
竣工时间：2001 年

2001

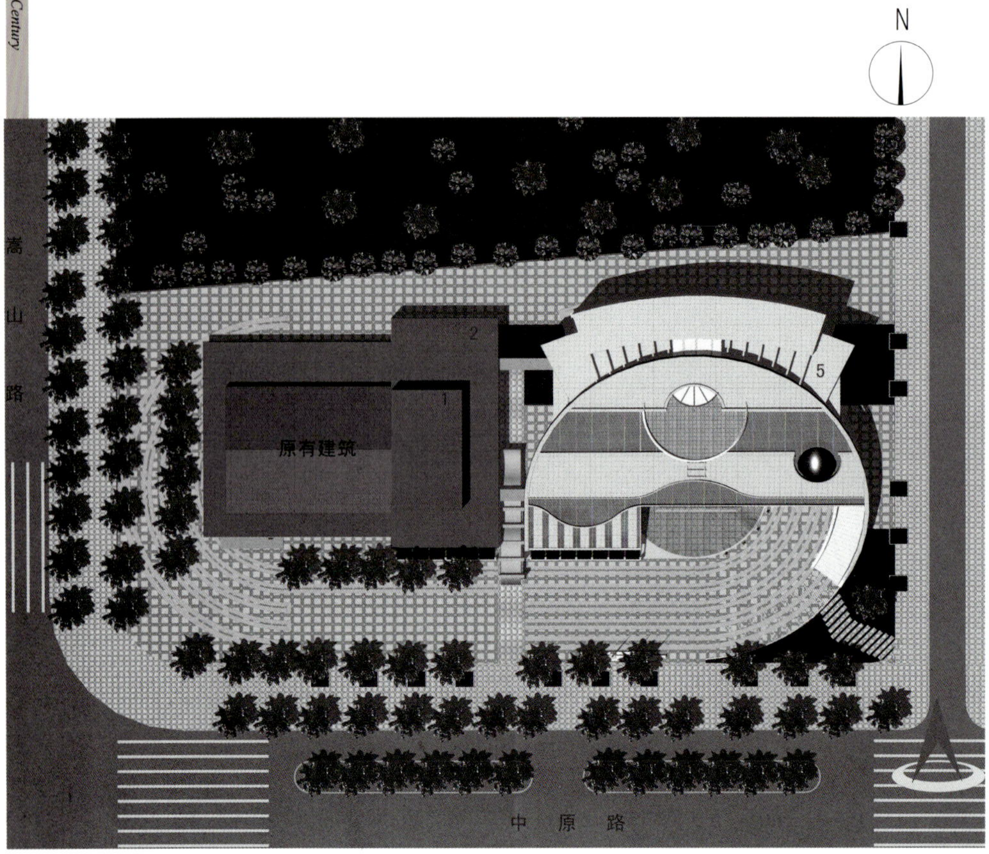

总平面图

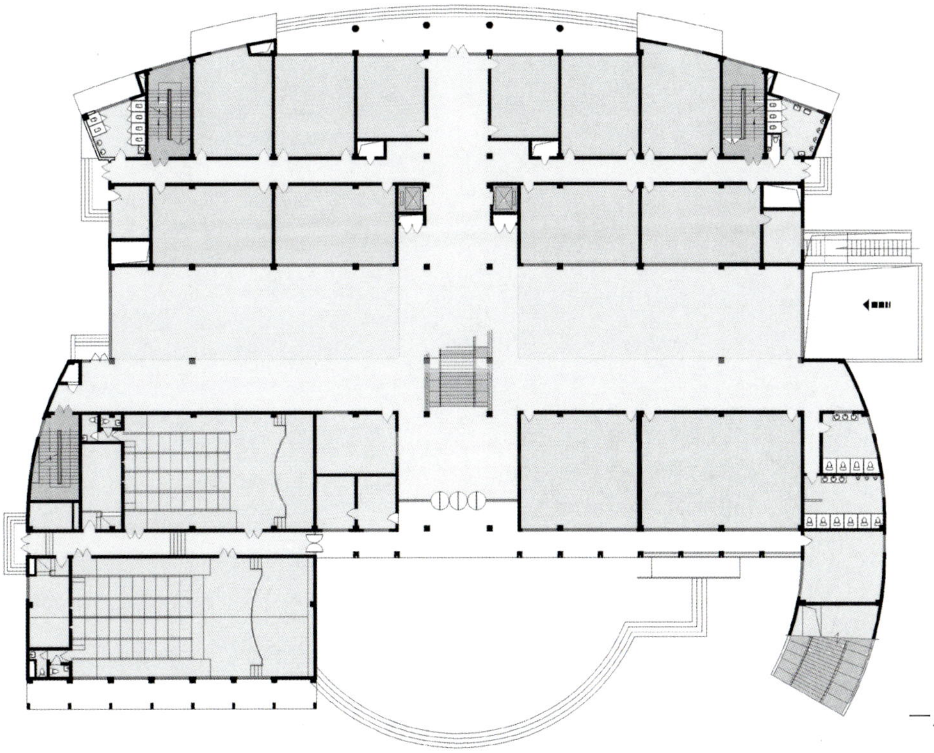

一层平面图

外景

53 河南省国家大学科技园（西区）一期建筑

设计单位：北京土人景观与建筑规划设计研究院
建筑面积：86 000 m²
竣工时间：2008 年

2008

河南省国家大学科技园位于郑州高新技术产业开发区长椿路，紧邻城市四环路与高新技术产业开发区通往市中心的主要道路，规划用地面积约 20 hm²，是按照“统一规划、自筹资金、分步实施、滚动发展”的原则建设的产、学、研相结合的科技园区。其北部有连霍高速公路经过，并有环路通往郑州新郑国际机场，且与四所入园高校联系便利。园区规划分为孵化区、研发区、产业区和公共服务区四个区，以“模块组合、独栋品质，交流场所、研新之源， 复合功能、促进发展，以人为本、人性空间”为设计特色，体现了“人性、交流、创新、发展”的设计理念，较好地实现了孵化、产业化、研发、培训、配套服务、观光展示六大功能。

入口

EPOSHOW
时代显示

外景

广场

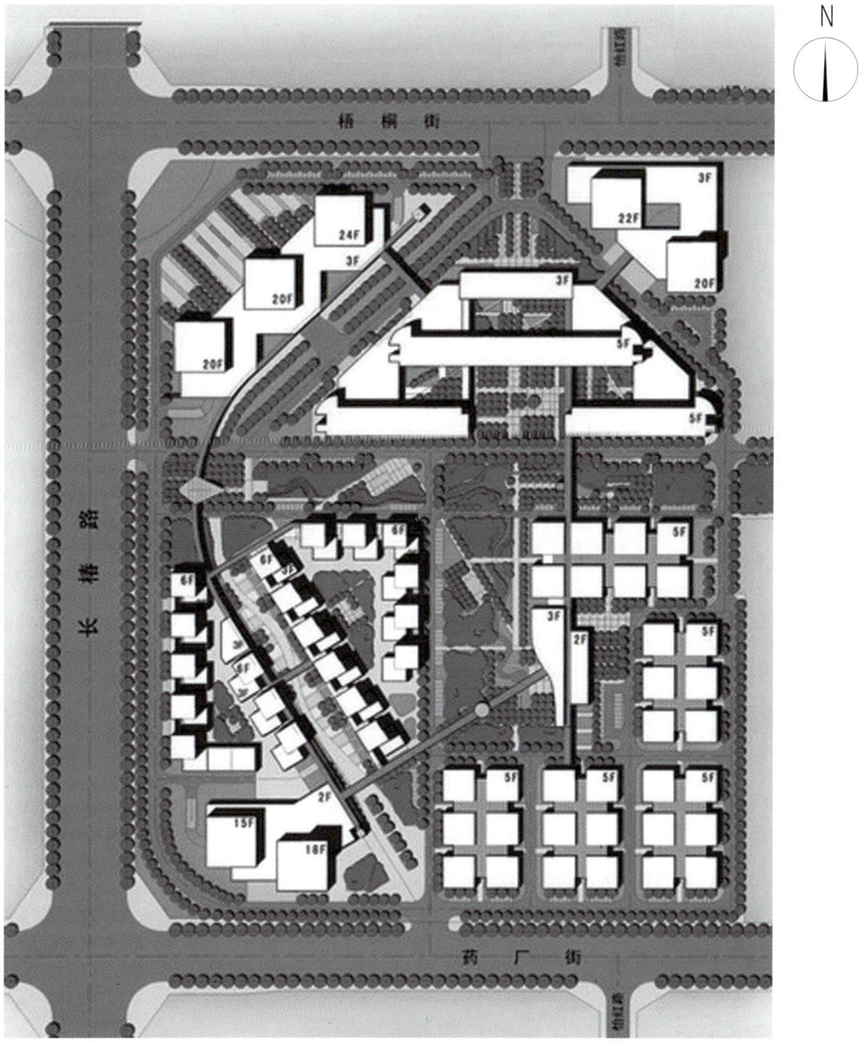
N
梧 桐 街
长 椿 路
药 厂 街
24F
3F
20F
20F
22F
3F
20F
3F
5F
5F
6F
6F
6F
6F
5F
3F
2F
5F
5F
5F
5F
2F
15F
18F

总平面图

54 郑州市节能环保产业孵化中心绿色建筑示范楼

设计单位：郑州大学综合设计研究院

建筑面积：5 910 ㎡

竣工时间：2009 年

2009

该示范楼位于郑州经济开发区经开第一大街，采用中庭式布局，南北两排建筑。南侧为三层，北侧为五层，中庭顶部为斜面玻璃采光顶，可有效解决北侧建筑的日照和采光问题。一层设有门厅、展示厅、接待室、设备用房等，二层为展示厅，三至五层为办公培训用房。各层设有回廊，联系南北两部分。中庭布置绿化、休息设施，具有建筑的“绿肺”功能。为了实现节能环保的目标，建筑中运用了多种可再生能源技术，包括太阳能（太阳能光伏发电、太阳能空气集热器、太阳能热水集热器、太阳光光导管、强化自然采光等）、风能（风力发电、强化自然通风等）、地热能（地热采暖和制冷）、生物能（沼气发电）等。此外还采用了多种建筑节能措施，包括屋面、墙面和门窗的保温、隔热、降温等。利用坡屋顶和中庭的双层玻璃屋形成完整有效的自然通风系统，并通过电动风阀和电动遮阳合理控制建筑内部的进风量和进光量。

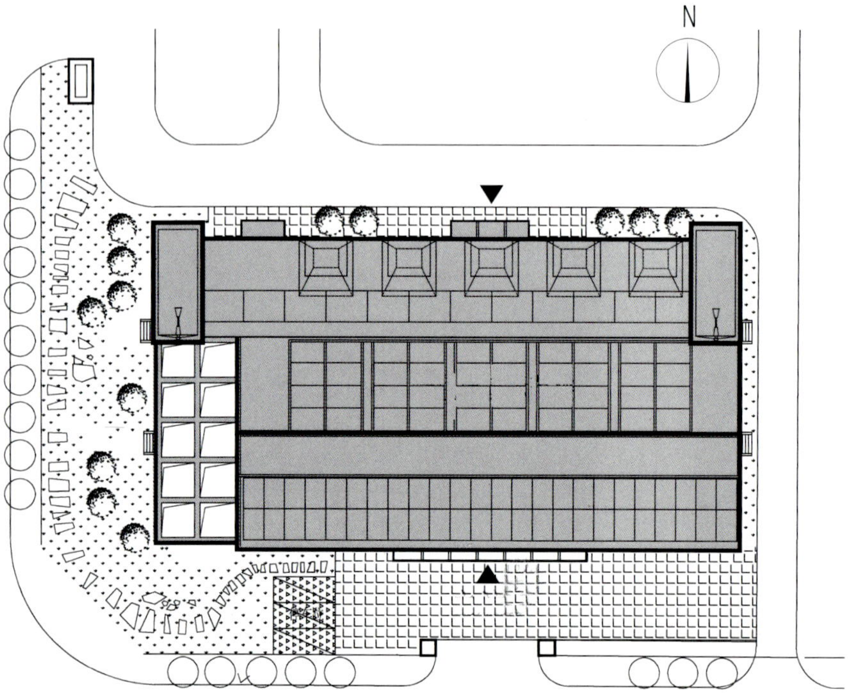

总平面图

内景

外景

局部

55 郑州烟草研究院科研实验楼

中国烟草总公司郑州烟草研究院是国家烟草专卖局唯一直属的综合性科研机构，位于郑州市高新技术产业开发区，占地 9.9 hm²。主要由办公楼、科研实验楼及连接南北楼的连廊和生态园三部分组成，建筑总高度 51 m，地下一层，地上十层。

设计单位：机械工业第六设计研究院
建筑面积：30 072 m²
竣工时间：2004 年

2004

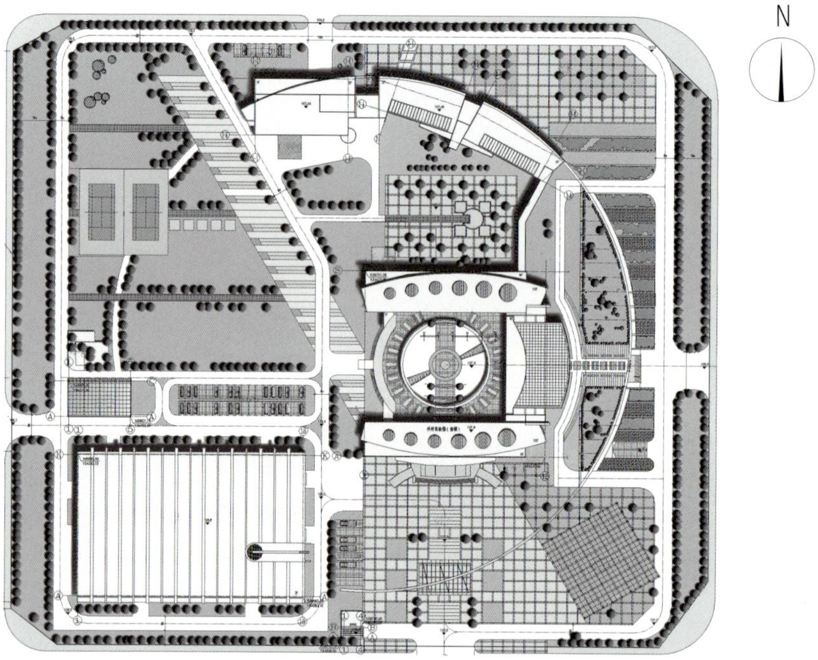

总平面图

东北向外景

东向外景

大厅

三 行政办公建筑

行政办公建筑主要是指供政府机关及各个行政职能部门使用的办公建筑，如政府办公楼、行政管理中心、局委办公楼、法院办公楼等。自新中国成立以来，行政办公建筑伴随着国民经济的发展而不断发展。进入21世纪后，随着国家经济快速发展和城市化发展战略的确定，河南省城市化的步伐也进一步加快。城市化与国际化的浪潮不断推动着我省行政区划的变革，许多城市进行了城市格局和功能结构的调整，包括新区的开发，以获得更大的发展空间。省内多数城市在调整城市总体规划时拓展了市区范围，开辟了城市行政新区和经济技术开发区等。在这些城市结构的调整中，行政办公建筑的建设对城市发展具有举足轻重的作用，它们成为城市更新的风向标。城市化进程所造成的城市空间格局的调整影响了相当多行政办公建筑的更新与重新选址，掀起了一股行政办公建筑迁建、改建、扩建的热潮。

2000年以来，我省新建行政办公建筑主要具有如下特征：第一，政府职能从管理型向服务型转变，向社会提供公共服务成为地方政府和管理机构的核心职能。为适应政府职能的这种转变，行政办公建筑的空间格局逐渐向开放性转变。第二，行政办公建筑常处于区域或建筑群体的中心位置，比较普遍的手法是通过对称形式强化对建筑群体轴线的控制，加强建筑的中心感，从而突出行政办公建筑的核心地位和权威性。第三，为了提高行政办公建筑的影响范围，增加其在城市范围内的可识别距离，采取加大建筑体量是比较有效的方法之一，因此很多新建的行政办公建筑常求高求大。第四，城市广场常被称为“城市的客厅”，行政办公建筑与城市广场结合在一起，可以加强政府机构与公众间的交流，提高政府的亲民性和开放性。行政办公建筑中院落空间的运用可以改善建筑的通风与采光，外部空间的绿化景观处理可以提高办公空间的环境品质和人性化氛围。第五，行政办公建筑的内部空间由原来的单间式单一模式向复合式和开敞式过渡，交通空间由简单的内廊式向环廊、空廊、天井、中庭等多种形式转变，不仅满足交通需求，还增强了人际交往的功能。

56 河南省委办公楼

设计单位：清华大学建筑学院
郑州市建筑设计院
建筑面积：30 000 m²
竣工时间：2002 年

2002

河南省委办公楼位于郑州市金水路，对称、严谨而舒展的平面布局，宽阔的台基加上九间的双排柱廊，厚重的檐部，体现了敦厚庄重的入口气势。三段划分的主体，排列规整的墙体分割，比例匀称协调，整体风格体现中原早期夯土建筑文化内涵的延伸。

通过楼前广场的贯穿轴线、绿化、铺地、水池的结合，展示了一个开放而具现代感的公共空间。

外景

柱廊

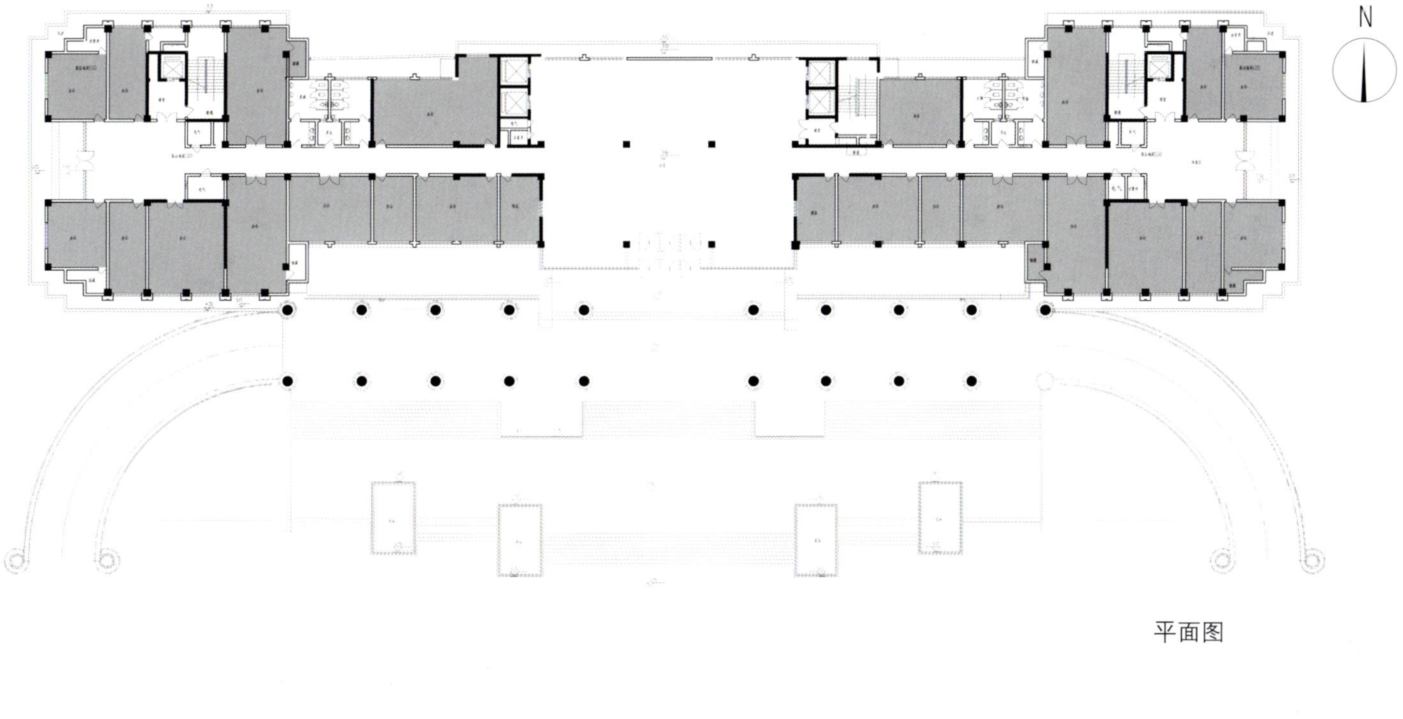

平面图

57 河南省人民政府办公楼

设计单位：华南理工大学建筑设计研究院
建筑面积：145 682 ㎡
竣工时间：2008 年

2008

河南省人民政府办公楼位于金水东路与农业东路交界处，占地面积 7.35 h㎡。项目结合基地特点，采用方正合院式布局，框架结构，地上 12 层，地下 2 层，前部退让城市道路形成开阔广场。整座建筑轮廓清晰、简洁，主体突出、庄重、对称，散发着明快、清新、大气、和谐的时代气息。体形处理上运用我国传统三段（台基、屋身、屋顶）手法，并通过对传统大屋顶的抽象以及东部“城市之门”的大红框与主体墙面所形成的鲜明对比，表达了中原文化的恢宏大气。

外景一

外景二

内广场一

内广场二

入口局部

公共大厅

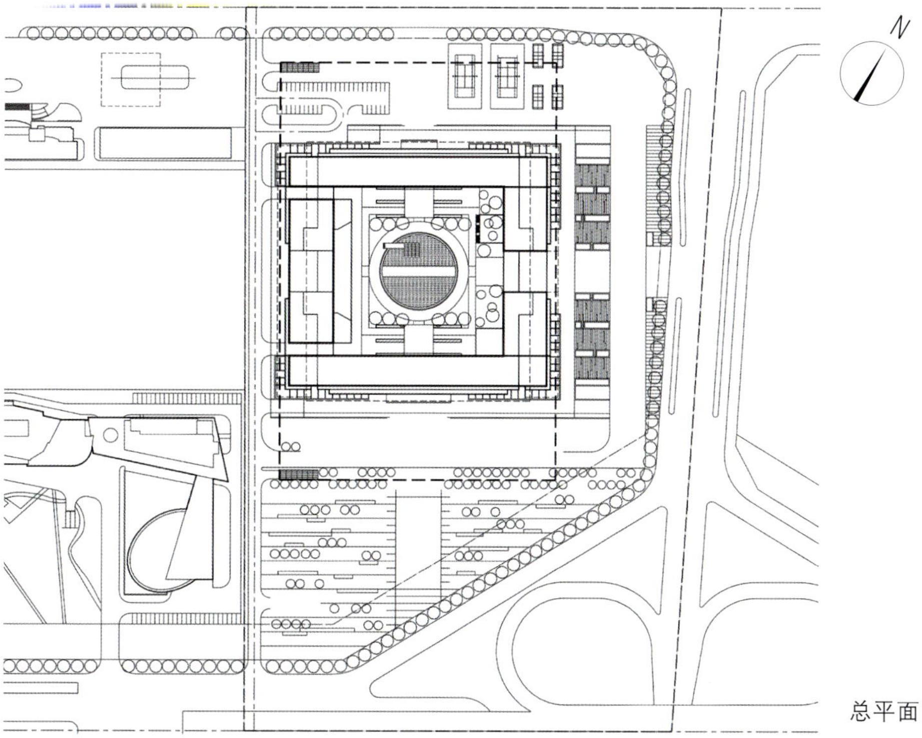

总平面图

58 河南省国土资源厅办公楼

设计单位：同济大学建筑设计研究院
建筑面积：22 500 ㎡
竣工时间：2007 年

2007

河南省国土资源厅办公楼位于郑东新区金水东路，占地 1.56 h㎡。该建筑布局考虑到周边关系，与河南省地质博物馆形成 L 形半围合的办公庭院。主楼坐北朝南，共 15 层，建筑高度 58.6 m。建筑外部通体采用玻璃幕墙双层表皮，可较好解决建筑节能、环保及室内外空气流通问题，建筑外观晶莹剔透。玻璃幕墙在顶部收为三角造型，寓意风帆，主附楼之间强烈的虚实对比、色彩变化使得整体建筑风格简洁明快，具有鲜明的时代感。

西南向外景

南向外景

公共大厅

59 郑州市城乡建设委员会办公楼

设计单位：郑州市建筑设计院

建筑面积：36 766 m²

竣工时间：2002 年

2002

郑州市城乡建设委员会办公楼位于郑州市淮河路，主楼地上 21 层，附楼 12 层，总高 81.50 m。该建筑经招标，从近 10 个方案中评选出来，业主强调对“火柴盒”型式的否定，以求一种曲线的美感给办公建筑更多的新意。设计方案较好地解决了基地和城市的关系，功能分区明确合理、互不干扰，并有很强的适应性。建筑造型流畅、舒展，以简洁的线条表达高效务实的时代特征；同时它又颇具气势，融现代风韵与古典理念于一体，不同的风格及质感相互映衬，体现了设计所追求的独特美感。

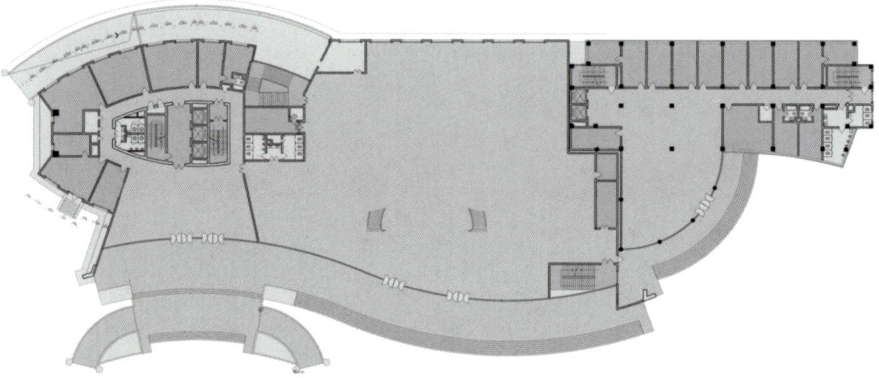

平面图

门厅

全景

60 河南省新闻出版局大厦

设计单位：机械工业第六设计研究院
建筑面积：17 574 m²
竣工时间：2008 年

2008

河南省新闻出版局大厦位于郑州市农业路河南博物院文博广场东侧，为河南省重点文化工程和国家新闻出版总署信息化建设全国省级示范工程。大厦在满足基本技术要求的前提下，运用抽象的建筑形式给出功能性的隐喻：从侧面看去，大厦竖向的分割形式犹如书架上高低错落的书本；正立面上折板形式的玻璃幕墙不但避免了眩光对城市的不利影响，并且是对印刷模板的隐喻。整个建筑显得精细、典雅。外部材质运用铝板及玻璃幕墙，形成光鲜洁净的视觉效果，整个建筑形式完整、统一又不失变化，自然地融入并提升了该地段的文化氛围。

局部

外景

61 郑州市房地产管理局大厦

设计单位：加拿大 EDG 设计公司
建筑面积：66 000 ㎡
竣工时间：2007 年

2007

郑州市房地产管理局大厦位于郑东新区商务外环路，建筑主体高度 120 m，地上 30 层，地下 2 层，由主楼、裙楼和地下室三部分组成。4 层裙楼与 30 层主楼有机结合，具有时代感的外立面和玻璃幕墙凝固成具有象征意义的“风帆”“金靴”造型，象征“一帆风顺、步步为赢”。整幢大楼构思新颖、内涵丰富、气势恢宏，标志性强，与郑东新区“水域靓城”规划风格相吻合，充满了优雅的现代感和卓尔不群的气质。

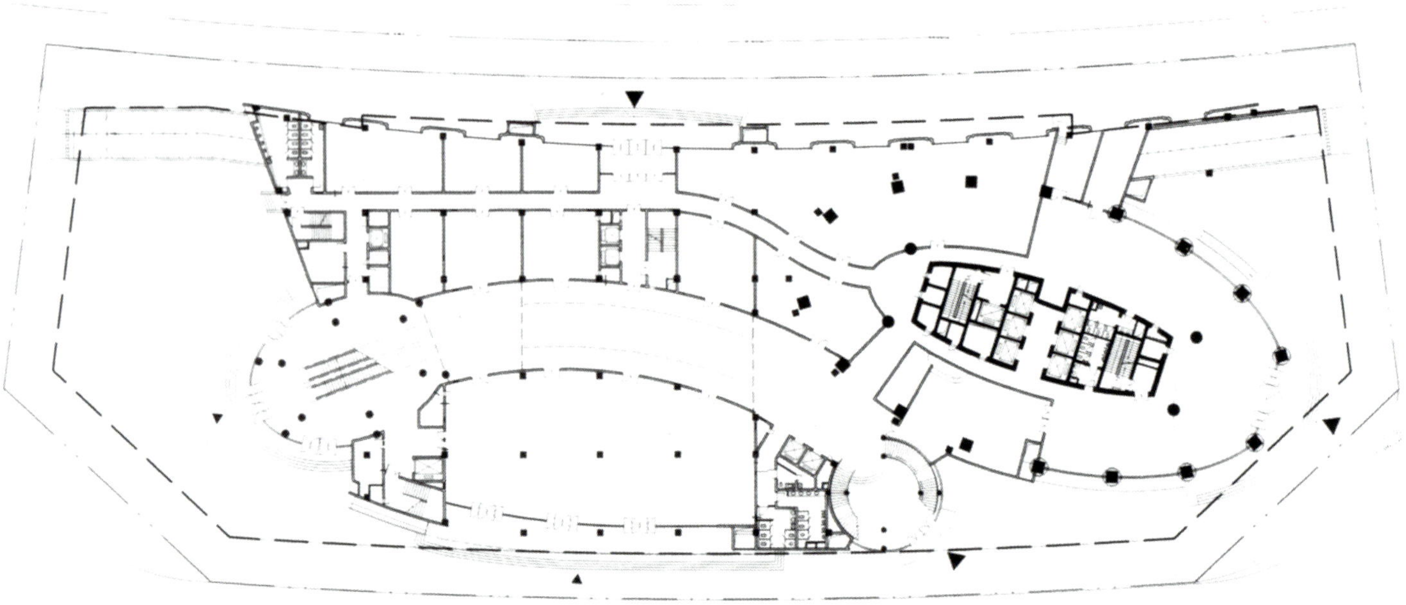

平面图

外景

62 郑州市中级人民法院

设计单位：机械工业第六设计研究院
建筑面积：46 000 ㎡
竣工时间：2006 年

2006

郑州市中级人民法院建筑群位于郑州市金水东路，总体规划采用对称布局，位于轴线中央的 15 层办公楼坐北朝南，端庄大气，两侧分别是大法庭、中小法庭，呈现出一种庄重的气势，隐喻着人民法院“公正、公开、公平”的原则。主楼入口处采用了柱廊，与上部玻璃幕墙形成对比，加强了入口效果。正面的垂直分割与侧面横向水平划分形成主配楼的一种山势，诠释了“何谓法也，不动如山” 的执法内涵。

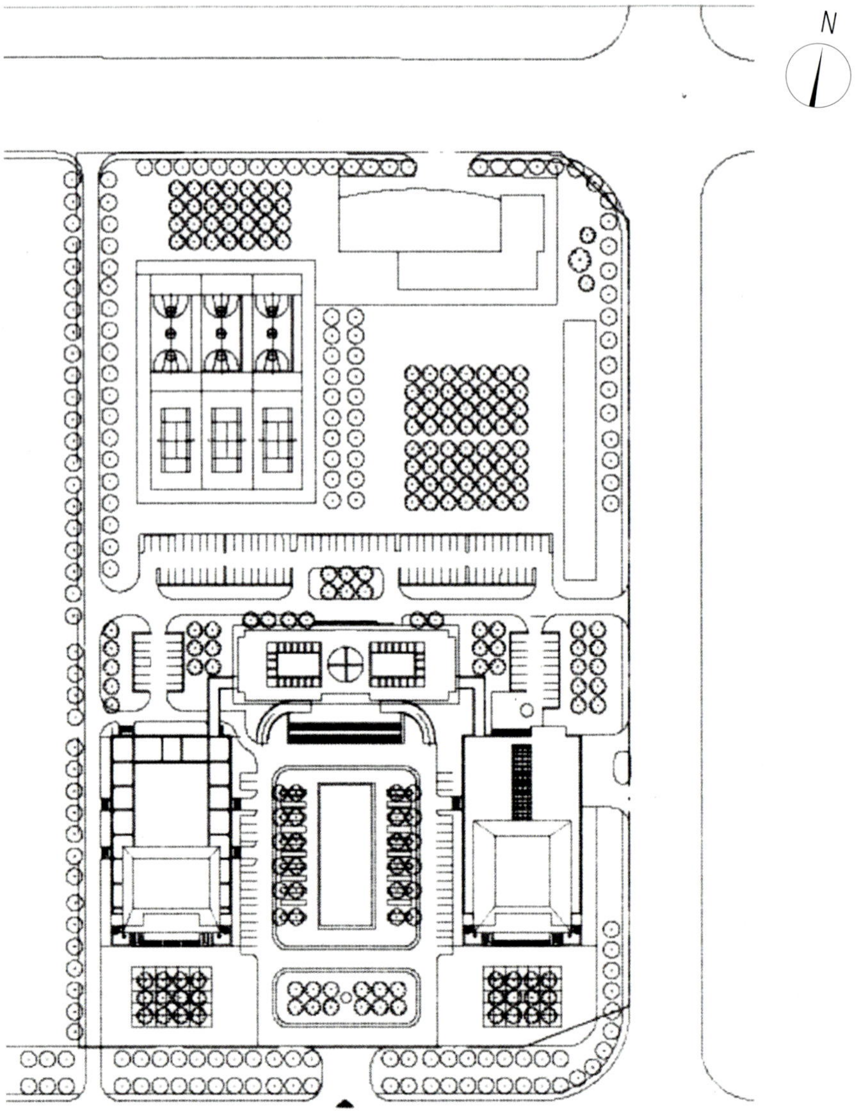

总平面图

南向外景

东南向外景

63 郑州经济技术开发区投资服务中心

郑州经济技术开发区投资服务中心位于郑州市航海东路，主体为框架结构。地下1层为车库，地上6层为办公楼。建筑设计采用规整、简约、不对称的平面布局形式，创造高效实用的办公空间。立面造型简约抽象，突出了现代办公楼新颖内敛、平实精致的建筑风格。

设计单位：天津大学建筑设计规划研究总院

建筑面积：22 000 m²

竣工时间：2008 年

2008

外景

局部

64 洛阳市党政机关办公大楼

设计单位：中色科技股份有限公司

建筑面积：66 908 ㎡

竣工时间：2005 年

2005

洛阳市党政机关办公大楼位于洛阳市开元大道，占地面积 8.34 h㎡。主楼地上 21 层、地下 1 层，裙楼 4 层，建筑造型庄重沉稳、简洁大方、雄伟壮观。主体建筑由基座、主体与檐部三部分组成。大楼以 11 间双排 3 层通高柱廊为南向主入口，立面中部方格网式玻璃幕墙与周围方窗形成强烈对比；宽阔大方的台阶，使建筑造型庄重、简约；舒展的裙楼，衬托着主体的稳固。主体立面以实墙面为主，配合规则的窗洞和中心部位微凸的弧面玻璃幕墙，使大楼主体显得坚实有力并富有变化。交通流线清晰流畅，使用功能合理完善，同时也注重了人文环境的配置。

全景

会议室

南侧柱廊

65 洛阳市公安局通讯信息指挥中心

设计单位：北京马建国际建筑设计顾问有限公司
机械工业第十设计研究院
建筑面积：43 074 ㎡
竣工时间：2003 年

2003

洛阳市公安局通讯信息指挥中心位于洛阳市凯旋西路，占地面积 7 125 ㎡，地下 2 层，地上 30 层，主楼高 112.10 m，加上楼顶柱总高度 155.20 m。建筑立面设计为折线形，采用中空玻璃，外围配以金属栏杆，整体造型立体效果突出，体现了高新技术特点。在标高 124.50 m 处设计了花瓣形的观察厅，既满足了使用功能，也体现了牡丹之乡的喻意。

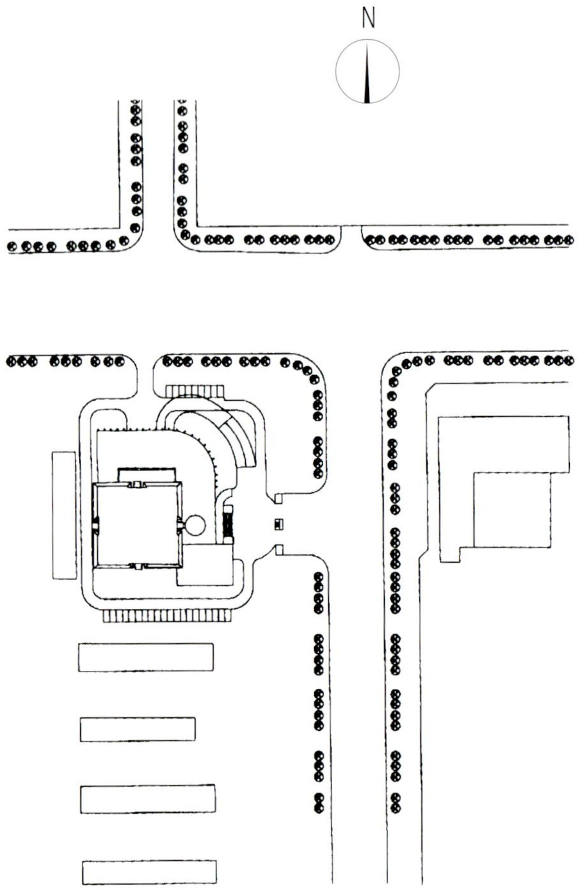

总平面图

局部

全景

Selected Architecture in Central China *Public Architecture in the 21st Century*

66 洛阳市洛龙区人民政府行政中心综合办公楼

设计单位：机械工业第四设计研究院

建筑面积：40 329 ㎡

竣工时间：2005 年

2005

洛阳市洛龙区人民政府行政中心综合办公楼是洛龙行政办公区的主体建筑，位于洛阳市开元大道，占地面积 7 100 ㎡。主楼地上 15 层，地下 1 层（设备层），裙楼为会议中心，局部 2 层。办公楼对称布局，沿东西、南北两条轴线展开，形成门字形空间，成为行政办公区东西向景观走廊最重要的界定元素。设计方案借鉴北方传统民居特点，设置了大量廊下、檐下等多种形式的室内外过渡空间，结合完全开敞的内院，形成一定的空间序列，丰富了城市街道空间的层次。

外景

局部

67 洛阳市中级人民法院综合楼

设计单位：机械工业第四设计研究院

建筑面积：40 563 ㎡

竣工时间：2008 年

2008

洛阳市中级人民法院综合楼位于洛阳市开元大道，占地面积 2.66 h㎡。其使用功能分为三大部分，即审判庭部分、办公部分及附属生活用房部分。审判庭部分地上 6 层，办公部分地下 1 层、地上 10 层，附属生活用房部分地上 7 层。本工程设计等级为一级，主体结构除办公部分为框架剪力墙结构外，审判庭和附属生活用房部分均为框架结构。

外景

68 焦作市人民政府办公楼

设计单位：焦作市规划设计研究院
建筑面积：43 000 m²
竣工时间：2003 年

2003

焦作市人民政府办公楼位于焦作市人民路，南邻市民广场，周边环境优美，建筑形象宏伟大气，是该市的标志性建筑之一。建筑造型采用对称式，整体形象明净挺拔，不失当代建筑风采。主入口柱廊高达 4 层，中部主楼在两侧配楼的衬托下显得高耸、雄伟，建筑功能布局合理，交通流线便捷，在实用和美观上达到了高度的和谐统一。外立面采用花岗岩面材和玻璃幕墙相结合的方式，石材强调竖向分割，使建筑更显挺拔、庄重，在色彩上突出了稳重大方，与政府机关的形象相协调。

外景

69 鹤壁市环境保护局办公楼

设计单位：鹤壁市建筑设计院
建筑面积：9 657 m²
竣工时间：2007 年

2007

鹤壁市环境保护局办公楼位于鹤壁市兴鹤大街，采用围合庭院式布局，以连廊连接东西两侧办公空间。建筑形体规整，结构布置清晰简明，既满足了功能要求，又降低了造价。4 根 17.5 m 高的矩形柱与屋顶结合形成主入口，矩形扁柱斜向支撑，似一片片扇叶，加强了引导作用。

外景

内院全景

内院局部

70 新乡市人民政府办公楼

新乡市人民政府办公楼位于新乡市新区平原路，遥望平原博物院。严谨的中轴两侧，建筑群体烘托着政府楼成为组团的核心。建筑主体高18层，划分为五段，前翼裙楼三段，主次分明，流线合理，形象坚实庄重，造就了整体建筑的宏伟形象。

设计单位：新乡市建筑设计研究院

建筑面积：72 000 m²

竣工时间：2004年

2004

全景

主楼外景

东配楼外景

西配楼外景

71 许昌市行政中心

设计单位：东南大学建筑设计研究院
镇江市建筑设计院
建筑面积：26 000 m²
竣工时间：2005 年

2005

许昌市行政中心位于许昌市建安大道西段，是集市委、市政府及各职能部门于一体的多层办公建筑群。中轴线对称的严谨布局，两侧并列的多层楼房围合成半开敞庭院，各座建筑的塔楼和高低错落的红瓦四坡屋顶、灰色花岗岩基座以及浅黄色主色调墙面，使建筑整体风格清新，朴实无华，完整统一。

人大办公楼外景

政府办公楼外景

72 许昌市经济技术开发区综合服务中心

设计单位：河南省建筑设计研究院
　　　　　河南省机电设计院有限公司
建筑面积：28 581 m²
竣工时间：2008 年

2008

许昌市经济技术开发区综合服务中心位于许昌市阳光大道东段，主体 12 层。建筑周边用地分为南北两个对称广场，北广场主要用于行车和临时停车，南广场为游园广场。这种布局既丰富了空间，同时又拉开了建筑与主要路段的距离，使建筑获得了良好的视觉效果。该建筑作为城市环境的一部分，在与环境的协调中求创新——采用大面积的淡绿色玻璃幕墙和仿石材的墙体，结合广场，采用中心对称，两侧低、中间稍高的双轴线构图，方正严谨，规则有序，既满足了政府办公的使用功能，又很好地融入了环境，具有强烈的时代感。

外景

局部

73 许昌市中级人民法院综合楼

设计单位：郑州大学综合设计研究院
建筑面积：39 086 ㎡
竣工时间：2007 年

2007

许昌市中级人民法院综合楼位于许昌市延安北路，主体建筑 17 层，裙楼 4 层。综合楼的建筑功能主要分为三大部分：法院审判庭、法官业务办公、法官培训中心。该建筑通过造型和选材，以现代建筑语汇勾勒出和谐又不失庄严肃穆的新时代法院建筑形象。大楼在功能分区上严谨有序，体块组合舒展适度，立面简洁明快，环境塑造自然和谐，在充分融入当地城市地理文脉的基础上，对现代化的法院建筑进行了诠释。

外景

74 三门峡市湖滨区人民法院综合楼

设计单位：三门峡市建筑设计院
建筑面积：14 600 m²
竣工时间：2006 年

2006

三门峡市湖滨区人民法院综合楼位于三门峡市河堤北路，坐北朝南，地上 6 层，地下 1 层，框架结构，建筑高度 27.5 m。建筑为对称布局，中轴线上为审判大厅，沿东、西两面设置若干中小法庭和审判庭，北端为办公室、会议室及活动室，功能完备，交通流线组织有序。该建筑造型具有浓郁的专业特色，并充分利用了外墙材质的自然颜色，营造出简洁明快、典雅亲和以及富有动感的建筑形象，是三门峡市首座按照最高法院建设标准兴建的区级法院建筑。

外景

75 信阳市人民政府办公楼

设计单位：同济大学建筑设计研究院
建筑面积：30 000 ㎡
竣工时间：2009 年

2009

信阳市人民政府位于信阳市羊山新区新五大道。景观与行政建筑的紧密结合，强化了场地的轴线。两条垂直的景观轴线在外围的自然景观轴线的环绕中，既形成了轴线的雄伟壮观的气势，又有尺度宜人、丰富生动的自然休憩空间。南北轴线以主广场为序起，穿过行政大楼，延伸至背景的羊山森林公园，创造了一系列的空间变化，大楼前为开放的绿化广场，形成一种介于自然景观和人工建筑的“共生对话”的关系，达到一种行政、文化、自然共生的境界。

主楼和会议中心位于构图的核心部分，六栋院落式功能模块在两翼展开，其中每个单元之间互相联系，同时又自成体系。此外功能模块组合形式又便于分期建设和远期扩建。功能布局采用“高层综合办公”与“低层院落式办公”相结合的形势，达到集中与分散相结合。高层综合办公楼便于集成采用先进的楼宇自动化设计，便于相关各部门之间的联系，大大提高办公效率；低层院落式办公楼，内部形成安静的庭院，结合传统园林景观创造宜人的办公环境。

主楼南向外景

配楼外景

主楼西南向外景

76 驻马店市新中心区行政中心

设计单位：驻马店市建筑勘察设计院有限公司
建筑面积：41 000 m²
竣工时间：2007年

2007

驻马店市新中心区行政中心位于驻马店市开源大道，在设计中运用人工建筑与自然环境相结合的中国传统处理手法，在地块北部边缘处堆起小山，借地块南部现存的冷水河，形成山水环抱的形势。方案布局采用园中有园的处理手法，以行政与公共活动两种不同的空间来突出主体。在布局划分时，利用地形、绿化、小品和建筑、道路等分隔空间，有开有合，曲折多变，使整个中心区既有变化又有统一，使人感觉有不穷之景，不尽之意。建筑群体依托山体为背衬，布置疏密有致，层次丰富。建筑群格调统一，将传统与现代手法相融合。两个主楼采用传统的对称布局，中轴与南面的会展中心相接，象征着行政机构的庄严与权威，而其他建筑则采用活泼简洁的建筑语汇。

外景

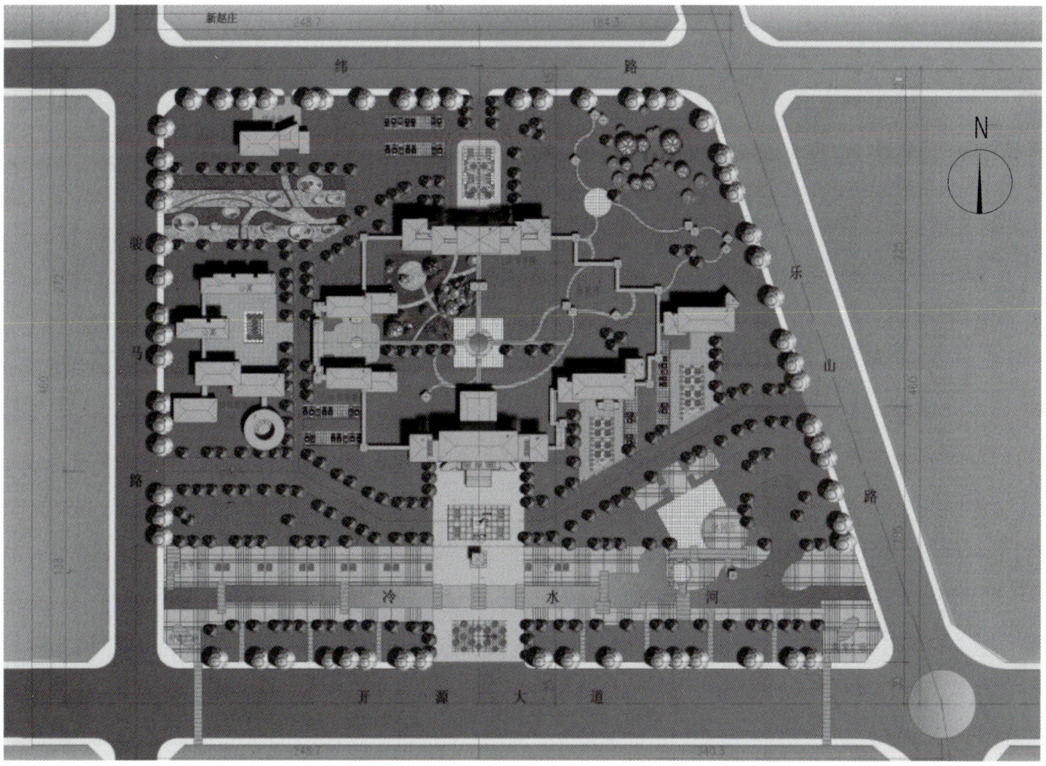

总平面图

全景效果图

77 驻马店市建设委员会办公楼

设计单位：驻马店市建筑勘察设计院
建筑面积：65 000 ㎡
竣工时间：2001 年

2001

驻马店市建设委员会办公楼遵循以人为本的设计原则，传统布局与现代功能相结合，组团灵活，空间层次丰富，尺度宜人。立面造型设计将中式传统风格与现代风格相融合，庄重、实用、朴素，典雅又不失现代感。平和内敛的总体布局使各个建筑立面都有均衡的比例尺度，照顾到四周的视觉效果，每个体块的立面力求简洁，追求特有的建筑风格。交通组织考虑不同人员的使用需求，多种交通流线互不干扰。总体环境设计涉及每一处细小的硬质景观，如围墙、大门、岗亭、庭院等，使之融入整个建筑环境中；而室内设计则避免了繁琐的装饰，旨在进一步强化这种空间关系。建筑材料既充分考虑到经济性，又考虑到材料的质感、色彩与相应功能的协调性，力求体现办公建筑朴实庄重的风格。

外景

局部

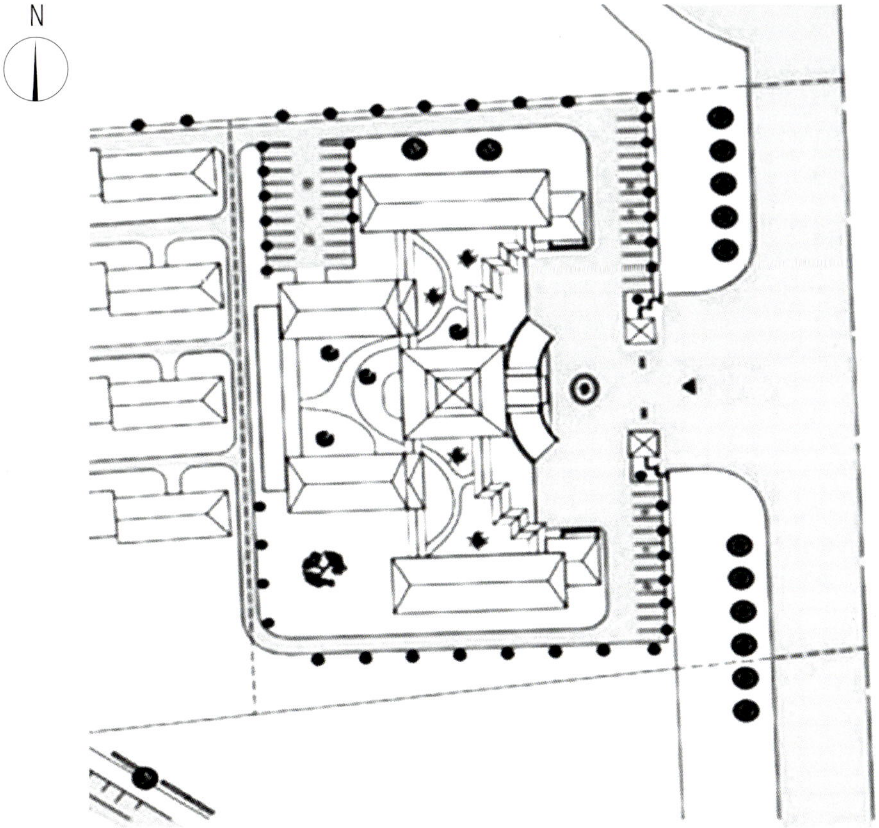

总平面图

四 商务金融建筑

商务金融建筑是指除行政办公建筑以外，供企事业及其他单位使用的办公建筑。从规模上看，商务金融建筑有供大型单位独立使用的办公大楼，如银行大楼等，也有供若干小型单位共同使用的办公建筑,如企业中心、孵化中心等。商务金融建筑一般习惯统称为写字楼。

计划经济时期，中国的办公建筑中并没有写字楼，只有行政办公楼，它是一种只对内进行行政管理的封闭式办公方式。随着20世纪70年代末的对外开放，中国由计划经济向市场经济过渡,多元化经济得以迅速发展，与之相应的各类企业应运而生。功能设施齐全的商务写字楼迅速崛起，为企业提供了多种形式的办公空间，进而拉动了写字楼的迅猛发展。

回顾河南地区商务金融建筑的发展历程，从最初简单的办公楼，到普通型商务写字楼、综合型商务写字楼，再到现今高档写字楼，此类建筑的软硬件配套设施在不断提升，功能上也朝着自动化、智能化不断迈进，是一个由市场需求、经济发展和技术变革共同推动的进化过程。

2000年以后，河南地区商务金融建筑有以下几个主要特征：

1. 灵活性。市场的瞬息万变，使得企业的内部组织也会经常发生调整和变化。为适应企业的这种灵活发展的需要，此类建筑的软硬件都要与之相匹配，如开放式空间、标准化的综合布线等。

2. 竞高性。随着城市化进程的加快，众多的财富和资源不断向省内大中城市集中，巨大的商业机会产生的聚集效应，也吸引了众多的企业集中到大城市。城市土地资源日益稀缺，使得此类建筑逐渐向高度上发展，加之商业竞争的因素，其建设形成相互攀比的局面。城市中涌现出众多的高层、超高层建筑。

3. 智能性。智能化的内涵相当广，主要包括通信传输智能化、楼宇自动化、办公智能化、安保智能化、消防智能化等系统，每一个系统又能细化出很多标准，每一种软硬件系统的建设最终都会直接影响到用户的使用，明显提高办公的效率。

4. 综合性。写字楼与相关业态互相吸引、互相促进，如购物、休闲、娱乐、酒店等商业设施与办公设施相互融合，产生集聚效应及叠加效应，成为此类建筑功能综合化的基础。城市综合体本身犹如一个“微型城市”，集中了传统意义上的城市所具有的全部功能，往往成为城市商圈中的核心和地标性建筑。

78 河南出版大厦

设计单位：意大利纳塔利尼建筑设计事务所
郑州大学综合设计研究院
建筑面积：57 225 ㎡
竣工时间：2007 年

2007

河南出版产业园位于郑州市金水东路，占地 24.9 h㎡。总体规划上采取九宫格图形，经伸展、放缩并根据办公建筑所需的基本空间尺度得出规划总平面。在道路交会处，占据九宫格中心的是出版产业园主体建筑河南出版大厦。“工”字形的建筑平面使更多的房间能够获得自然采光和良好的通风，“工”字形向上整体拉伸后在顶部做了一些减法，切去中间部位，切割左右两侧体块的转角部位，推进正立面的中间部位，使其整体统一但又不乏变化。四翼的斜切面处理调整了形体的比例。修长的竖向窗均匀排列，不仅加强了整体形象，也隐喻着中国文字方块形状的排列组合。建筑整体色彩取白色映衬下的铁锈红，简洁明快，大气厚重，体现出版行业自身特点，既有文化气息又富时代精神。玻璃幕墙采用低辐射镀膜玻璃，既美观又节能。

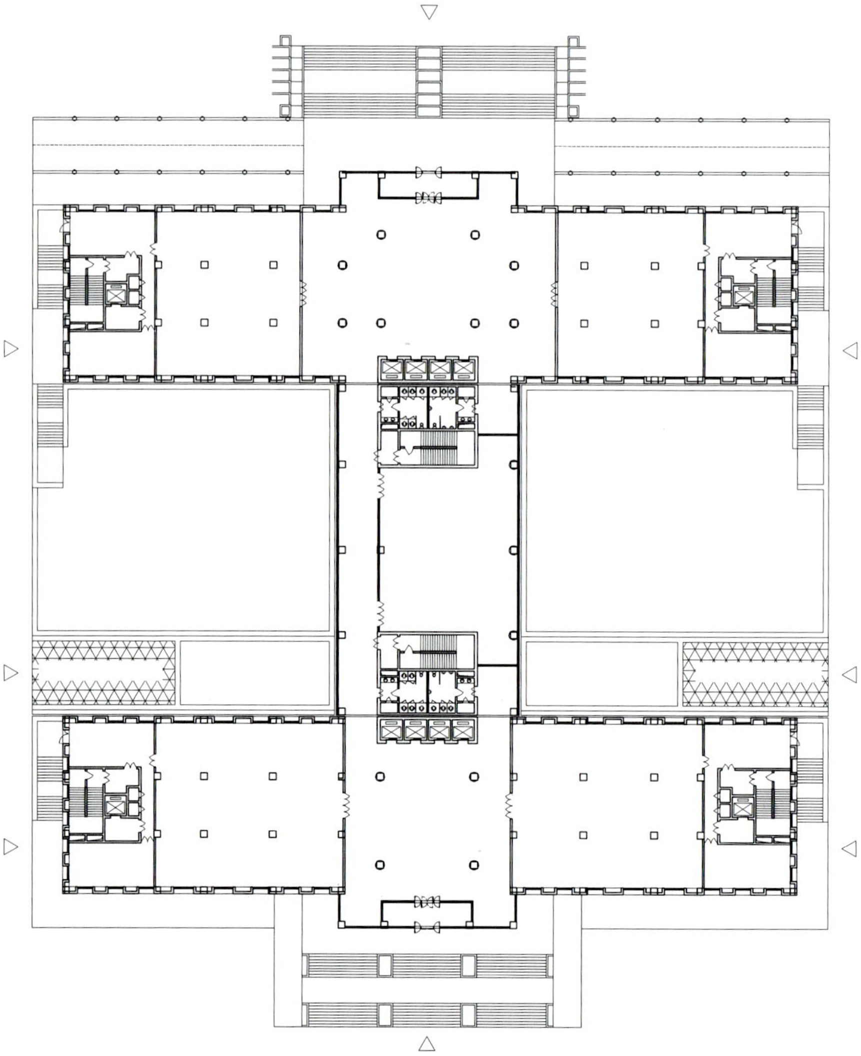

一层平面图

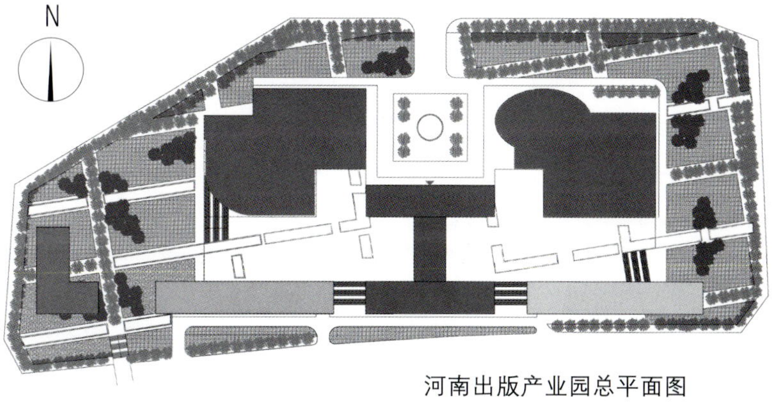

河南出版产业园总平面图

外景

79 郑州煤炭工业(集团)有限责任公司办公楼

设计单位:郑州大学综合设计研究院
建筑面积:107 139 m²
竣工时间:2009 年

2009

郑州煤炭工业(集团)有限责任公司办公楼位于郑州市中原西路,为25层双子塔楼,地上23层,地下2层;配楼为9层的二级机构办公楼,地上8层,地下1层,包括会堂、职工餐厅、集团公司招待所及部分商业用房。整体建筑规划科学合理,内部设施一流,功能齐全。双子塔楼气势恢宏、庄重大方;光面石材外墙与玻璃幕墙对比强烈,外墙色彩柔和明亮、协调统一;挺拔有力的纵向线条及顶层的全玻璃幕墙处理使得整体更具挺拔之势,与天空融为一体。

入口

大厅

外景

80 河南省信息产业大厦

设计单位：郑州大学综合设计研究院

建筑面积：41 568 m²

竣工时间：2007 年

2007

河南省信息产业大厦位于郑州市花园路，建筑高度为 98.9 m，地上 28 层。北侧的裙房引导了主入口与 1 600 m²的 10 m 高挑空大堂。大厦写字楼标准层面积为 1 200 m²，8 m 的开间，10 m 的进深，单元内层高 3.2 m，采用钢筋混凝土空心无梁楼盖技术，办公空间无梁无柱，利于自由分隔。采用最新的消防技术处理，无需吊顶，单元内净高 2.8 m，单元面积 91.28 m²至 1 200 m²不等，空间自由组合；每层设有 4 套带独立卫生间管道的总裁办公室。大厦的商业配套裙房为 1~3 层，建筑面积为 11 300 m²，层高 5.2 m。相对独立的裙房，为商家提供了方便的展示服务功能。

裙楼局部

外景

81 河南专利孵化转移中心

设计单位：天津大学建筑设计研究院
建筑面积：150 000 ㎡
竣工时间：2005 年

2005

河南专利孵化转移中心位于郑州高新技术产业开发区瑞达路，由口字形布局的一号楼与 V 形布局的二号楼组成，紧邻开发区管委会办公大楼。建筑正面主入口的雨篷造型别致，颇具标志性；大面积的实墙与横向条形窗形成强烈对比。建筑侧面以横竖交错的混凝土板界定开窗，使立面的光影变化更加丰富，同时强化了建筑立面的韵律感。两座建筑设计手法风格统一，细部丰富，体现了浓郁的时代特征。

外景

局部

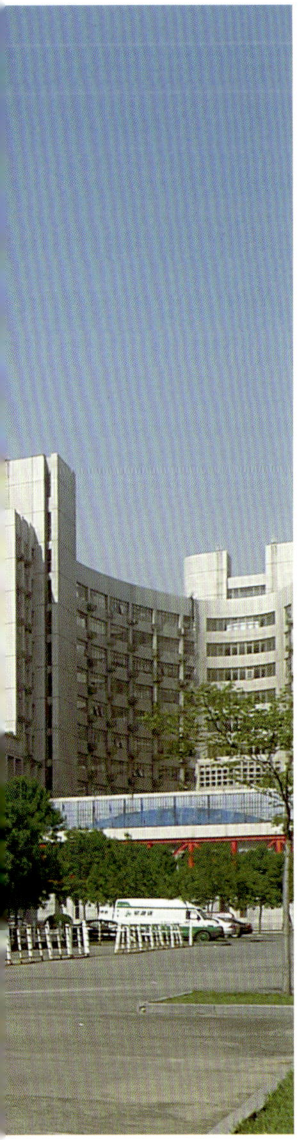

82 郑州奥园世贸大厦

设计单位：机械工业第六设计研究院

建筑面积：50 000 m²

竣工时间：2005 年

2005

奥园世贸大厦坐落在郑东新区 CBD(中央商务区) 商务内环路与众意路交会处，东南正对中心湖面与中央公园，扼守 CBD 核心，是 CBD 内环唯一观景式商务写字楼。

奥园世贸大厦共有 A、B 两座，塔楼高度 80 m，地上 20 层，地下 2 层为车库，共有车位 300 个左右。1~3 层为商铺，4 层以上为商务办公楼，办公用房约 35 000 ㎡。

入口

外景

83 郑州高新技术产业开发区火炬大厦

设计单位：天津大学建筑设计研究院
建筑面积：37 800 m²
竣工时间：2006 年

2006

郑州高新技术产业开发区火炬大厦位于郑州高新技术产业开发区瑞达路，设计立足于功能合理与经济性，用象征的手法推敲建筑形体。建筑造型简洁大方，立面处理虚实对比强烈，南北向窗间墙被刻意处理成斜面，运用光线与墙体的变化增强立面的韵律感。

大厅

外景

84 郑州高新技术产业开发区总部企业基地

设计单位：圣帝国际建筑工程有限公司
郑州大学综合设计研究院
建筑面积：61 800 m²
竣工时间：2007 年

2007

郑州高新技术产业开发区总部企业基地位于郑州高新技术产业开发区翠竹街，规划用地 21.5 hm²，划分为南北两区。规划布置了 100 栋形态各异的联排和独栋建筑（分为两期开发），其中一期工程由 19 栋 6~9 层的独栋和两栋 12 层联排建筑组成。

单元式的组合办公空间围合着庭院绿化区，使各个企业拥有了从私密空间到公共空间多层次、低密度、高绿化率的生态办公环境。

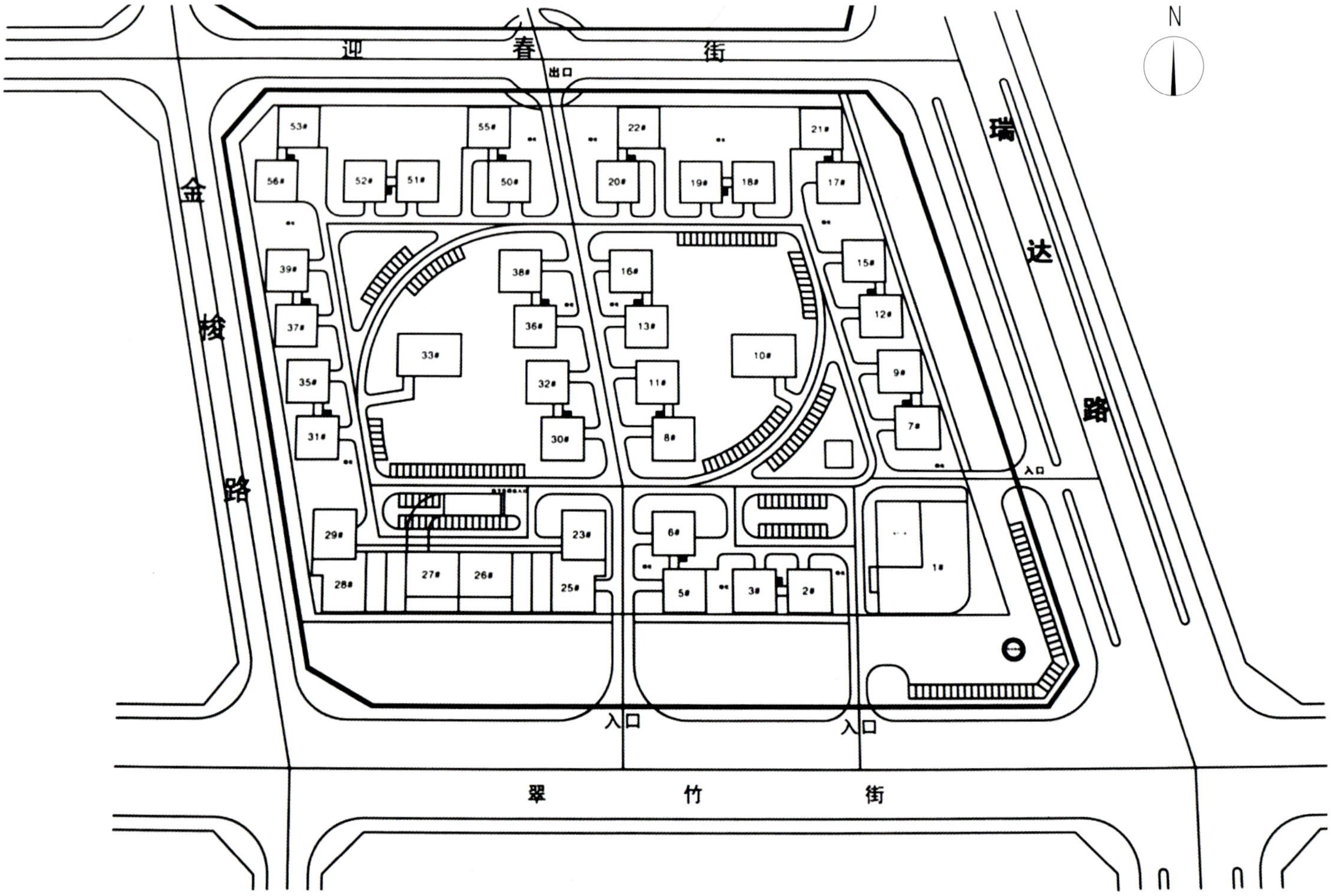

总平面图

外景

内院景观一

内院景观二

85 郑州格拉姆国际中心

设计单位：UK·LA 太平洋远景设计
建筑面积：100 000 m²
竣工时间：2007 年

2007

郑州格拉姆国际中心位于郑东新区北部的商务外环路，高 120 m，33 层，是一个高端商务办公写字楼项目，也是一座集展示、商务、购物、娱乐、餐饮等功能于一体的大型综合性双塔楼建筑。

造型上，该中心结合中式古塔和西方哥特式建筑的风格意蕴，塑造出现代、新颖的地标性建筑；将 40 m 高的顶部营造成景观、休闲空间，并采用天蓝色的外立面和塔尖状的顶端设计，由周边向中心簇拥的层层收进，加强了直入云端的视觉效果。

外景

86 郑州绿地峰会天下

设计单位：上海大境建筑设计事务所
河南省纺织建筑设计院有限公司
建筑面积：100 000 ㎡
竣工时间：2007 年

2007

郑州绿地峰会天下由“世纪峰会”和“峰会天下”两栋写字楼组成，位于 CBD 商务外环路和众意西路交会处。两楼均为 30 层，高 120 m。建筑形体简约流畅，立面以竖向线条为主，具有新古典主义风格，稳重明快，同时利用柱梁框架等不同元素，结合外墙材料作划分处理，使立面更富层次，倍添高层建筑倚天拔地之感。

外景

Selected Architecture in Central China Public Architecture in the 21st Century

87 郑州金城国际广场

郑州金城国际广场位于郑州经三路与农科路交会处，占地面积 6.7 h㎡，分三期开发。沿街一期 3 层平台式裙楼与 4 栋 23 层塔楼形成一个整体，设有大型超市及室内步行街商场，是郑州早期大型综合性建筑的代表作之一。

设计单位：郑州市建筑设计院

建筑面积：300 000 ㎡

竣工时间：2003 年

2003

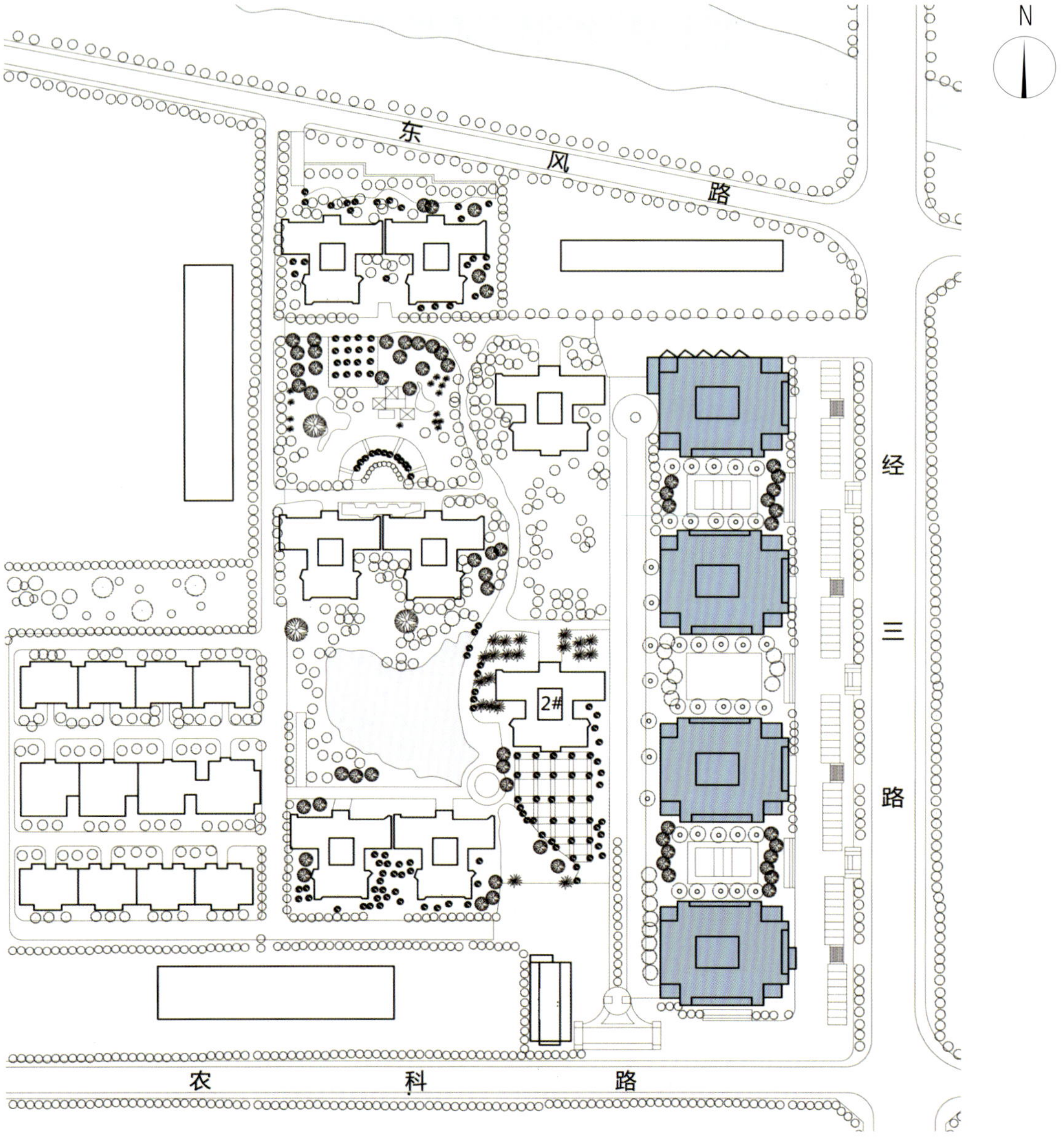

总平面图

外景

88 郑州顺驰第一国际

设计单位：	香港兴业建筑师（国际）有限公司
建筑面积：	58 364 m²
竣工时间：	2006 年

2006

郑州顺驰第一国际位于郑东新区 CBD 核心区商务外环路，南望龙湖，北临生态绿地。建筑高度 120 m，地下 3 层，地上 27 层。

建筑外观简洁明快，线条流畅。设计者将形式、质感、材料、光与影、色彩等要素汇集在一起，创造性地表达空间的品质和精神；根据功能需求，摒弃了多余的装饰和材料的堆砌，追求纯净明快的现代办公空间；着重展现建筑的空间美、结构美，力求完美地体现室内空间与建筑环境的统一性。

外景

89 郑州天一大厦

设计单位：维思平联合国际咨询（北京）有限公司
建筑面积：57 805 m²
竣工时间：2007 年

2007

郑州天一大厦位于郑州市黄河路，占地面积 6 777 m²，建筑整体设计追求逻辑性与精确性，建筑为 Z 形布局的双塔，裙楼为一个商业广场。清水混凝土的墙面，传统色红、黄、黑的搭配使建筑简洁且现代。

建筑采用了一系列统一模数的标准化构件，打造了高质量的室内空间和景观，体现了设计中的理性与秩序、逻辑与精确，实现了人性化的办公模式。

呈 Z 形错开布置的双塔，围合成多重城市广场和内外街，底层的公共部分使方便的城市生活在此延伸。玻璃外立面获得了较多的直接采光面，同时能够改善通风和视觉效果，形成具有实用价值的空中花园和交往空间。标准层公共交通空间集中，结构设备所占空间得以优化，使得每个在大厦里的人都能够临窗办公。

外景

90 郑州鑫苑金融广场

设计单位：河南徐辉建筑工程设计事务所

建筑面积：76 700 ㎡

设计时间：2006 年

2006

鑫苑金融广场位于郑州市经三路，占地面积 8 410 ㎡，金融广场在总体布局上结合基地特点，采用两幢板式建筑平行排列的方法，经三路一侧设四层商业裙楼，与主楼在整体上呈半围合之势。

金融广场运用大尺度设计手法，有机融入外部城市空间。四层商业裙楼结合入口造型，融合中国古典园林的收与放、开与合的特点，实现了城市界面与建筑群体的有机过渡与完整统一。主楼立面以每两层的框格为单元，强调挺拔、简洁有力，具有一定艺术性与感染力。细部处理上，以空调隔板和窗户的组合来表达中国古典元素的窗棂，使之灵动并富有韵律，赋予现代办公建筑与传统文化的内涵。

连廊

外景

91 郑州永和国际广场

设计单位：泛华集团
建筑面积：155 324 ㎡
竣工时间：2009 年

2009

永和国际广场位于郑州市金水东路，占地 3.3 h㎡，平面布局为宽 147 m 的双弧线“工”字形，舒展宏伟，意在形成与厚重中原特色相吻合的博大、深邃的形态，具有一定的视觉震撼力。在立面、内部空间设计、景观等方面融入了商务社区、社交沟通的理念，形成了一个具有文化特色的和谐环境。

外景

局部

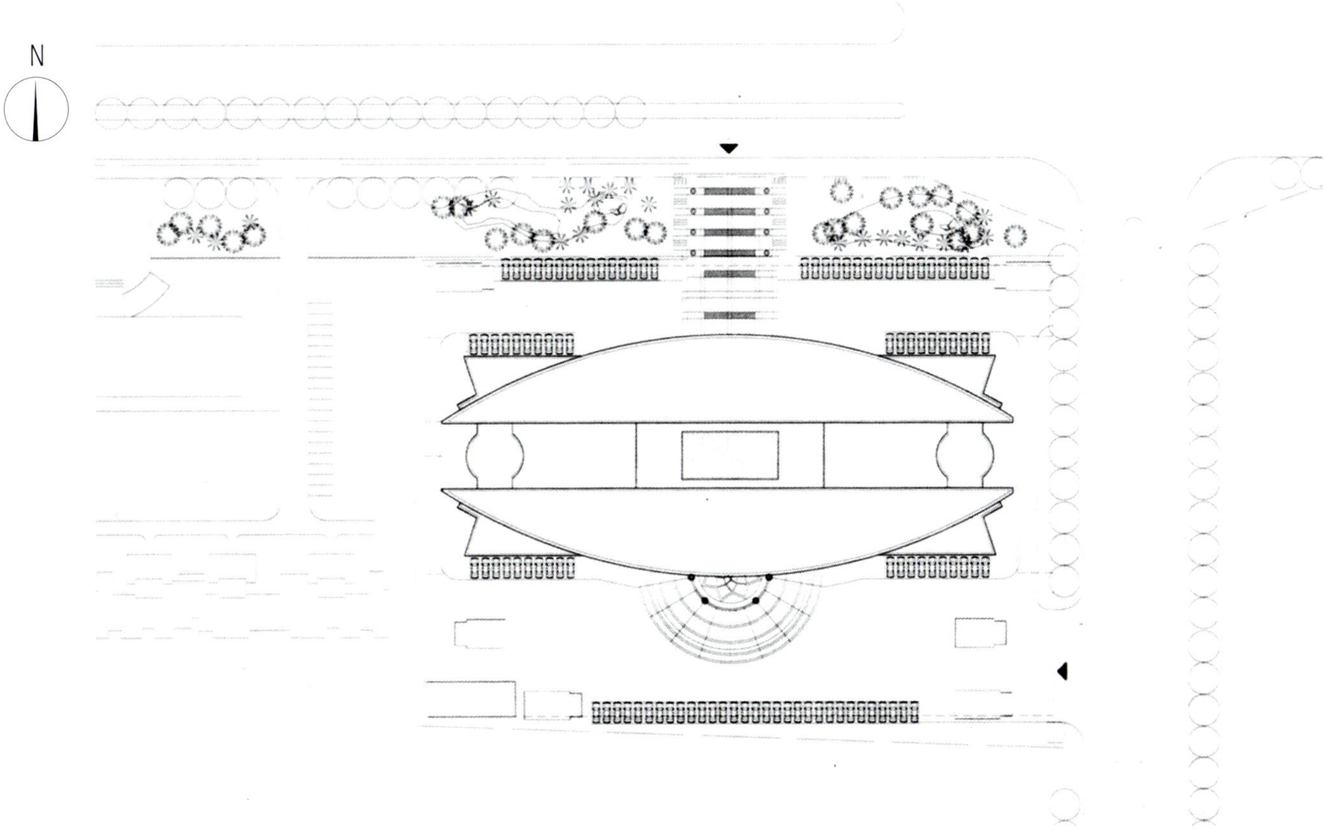

总平面图

92 洛阳万国银座

设计单位：洛阳规划建筑设计有限公司
建筑面积：48 510 ㎡
竣工时间：2004 年

2004

洛阳万国银座位于洛阳市安徽路，由西楼、东楼两部分组成，地下室为车库及设备用房。

建筑在风格上力求简洁明快的时代特征和洛阳地方特色，并结合周围布局形成舒适、亲和的家园感，大楼采用重复的构图元素，形成稳重、挺拔的立面效果。

建筑的空间造型高低错落，虚实有致。立面为醒目耐久的咖啡色，细部为白色线条，配合条形玻璃幕墙丰富了主色调。

入口广场

外景

93 鹤壁市煤电科技办公楼

设计单位：新乡市建筑设计研究院
建筑面积：72 000 ㎡
竣工时间：2004 年

2004

鹤壁市煤电科技办公楼位于鹤壁市新区鹤煤大道中段，地下 1 层，地上 22 层。主楼中部的竖向分割与两侧的水平转角窗结合，运用西方传统建筑语汇，丰富了高层建筑的细部。整个建筑造型挺拔，与城市基调相融合；严谨对称的裙楼与两端双塔的处理突出了古典的建筑风格。

外景

94 南阳高新区创业大厦

设计单位：重庆大学城市规划设计研究院

建筑面积：48 900 ㎡

竣工时间：2008 年

2008

南阳高新区创业大厦位于南阳市北环路，是集高新区管委会办公、产品推介和成果展示、商务办公、会议、培训等多种功能于一体的综合性大楼，也是南阳科技园区的管理服务核心。

主楼为双塔平面，顶部有 3 层天桥相连，勾勒出新区大门的形象。裙楼一体化布局，中部为主入口，使综合功能、人流集散得到较好的解决。

外景

五 医疗卫生建筑

医疗卫生建筑是指为病人提供医疗救助服务的建筑场所，按建筑分类标准，医疗卫生建筑又可分为综合医院、专科医院、康复中心、急救中心及疗养院等类型。

21世纪以来，我国迎来又一轮医疗卫生设施建设的高潮，新建及改扩建医疗卫生建设项目无论规模还是数量都是中国历史上前所未有的。随着人民生活水平的不断提高，人们对医疗设施包括医院建筑的设计给予更多的关注，提出了更高的要求。医院建设投资渠道的多元化，医疗新技术、新材料的出现和应用，以及人们对医院环境关注度的不断提高，都直接影响着医疗卫生建筑的发展，其特点主要体现在以下几个方面：超大规模医疗中心不断出现，核心集中适度分散的总体布局备受青睐，交通流线组织愈显重要，可持续发展的设计理念更加深入人心。

2000年以来，河南省的医疗卫生事业也得到了迅猛发展，医疗卫生建筑的建设也再上新台阶，兴建了一大批门诊楼、住院部大楼，就医环境和医疗条件都得到较大改善。如河南省人民医院门诊楼、病房楼的整体升级改造，郑州大学第一附属医院高层住院部大楼、高级病房楼及高层门诊医技综合楼的兴建，带动了一大批专业医院的迁建、改建和扩建，如郑州市第七人民医院整体选址新建，郑州市人民医院（原郑州市第五人民医院）原址扩建新门诊、病房大楼等，提升了省会郑州的整体就医环境。与此同时，各地市级医院也抓住时机提升医院硬件设施水平，改善医疗环境，先后兴建了商丘市第一人民医院门诊楼、病房楼，周口市中心医院病房楼，新乡市中心医院外科病房楼，长垣宏力医院医疗综合楼等一大批颇具影响力的医疗卫生建筑，使河南省的整体医疗设施和就医环境得到明显提升。

95 河南省人民医院综合病房楼及门诊楼

设计单位：中国中元国际工程设计研究院

建筑面积：118 600 ㎡

竣工时间：2010 年

2010

河南省人民医院始建于 20 世纪 50 年代，位于郑州市纬五路，经改建扩建，医院综合病房楼位于院区中央，与左右两边的门诊楼与急救中心围合成中心广场。病房楼整体为弧形，立面风格简约、大方。其中 1~4 层为医疗用房，5~20 层为病房楼，顶层为设备用房。两侧门诊楼顶层设计为架空弧形飘架，与病房楼楼体形成呼应。整个院区功能分区明确，布局合理，创造了一流的医疗环境。

病房楼外景

门诊楼外景

大厅

全景

病房楼

96 郑州大学第一附属医院高级病房楼

设计单位：深圳市协鹏建筑与工程设计有限公司
中国建筑技术集团有限公司
建筑面积：31 263 m²
竣工时间：2007 年

2007

郑州大学第一附属医院高级病房楼位于郑州市大学路，地上 21 层，地下 2 层。病房楼有近 700 张床位，按照国际一流的 5A 级智能化服务标准设计，内设有住院诊疗病区、医技服务区、就餐服务区、地下停车区等。建筑平面布局紧凑，功能分区明确，交通流线清晰，设施完备。根据整个医院的原有布局，病房楼采用南北朝向的板式布局，以满足通风日照要求。建筑造型由内核的梭形玻璃体与外围一长方体交错形成，体形关系明确。

局部

标准层平面图

外景

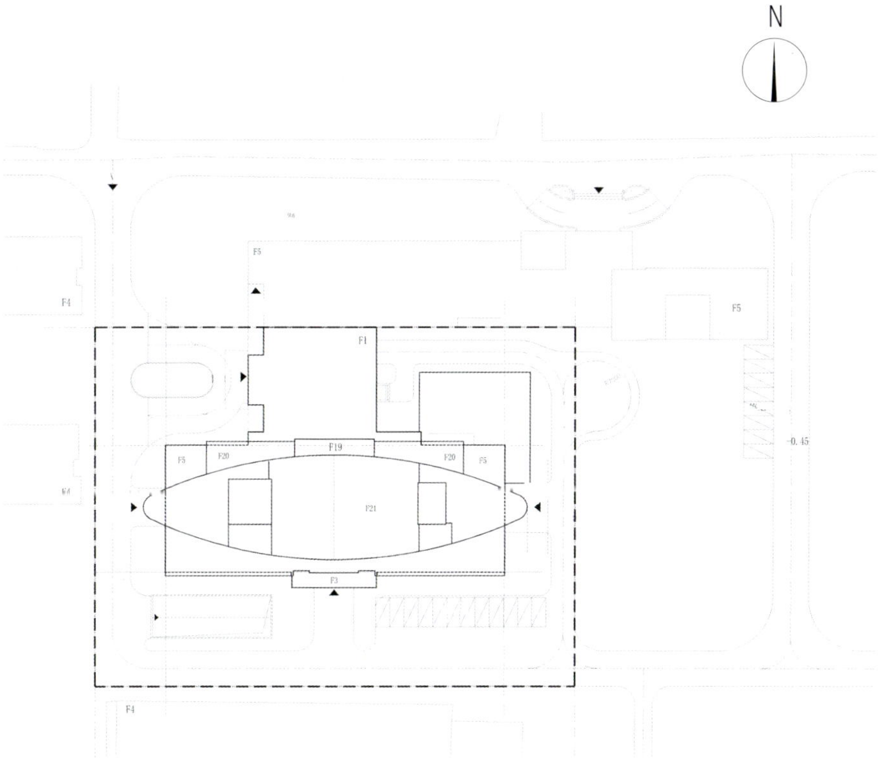

总平面图

Selected Architecture in Central China *Public Architecture in the 21st Century*

97 郑州人民医院病房楼

设计单位：深圳市协鹏建筑与工程设计有限公司

建筑面积：58 300 m²

竣工时间：2005 年

2005

郑州人民医院位于郑州市黄河路，是一所集医疗、教学、科研、预防、保健、急救为一体的现代化大型综合性医院。医院总体布局采用高低错落、水平围合的方式。南北朝向的板式建筑满足了通风日照要求。建筑群围绕中央花园，门诊楼、病房楼、特需住院楼、科研楼、行政楼沿环廊依次排列，各建筑交通枢纽都通向首层架空、2 层有玻璃顶的椭圆形长廊，使人、物流线联系最短，构成理性统一、张弛自如的建筑群体。新建病房楼为一姊妹楼，将传染病房楼与普通病房楼组合成一个整体，既分又连，相互依托。平时按一栋楼运作，也可以分成内科楼和外科楼；疫情发生时分隔成两个独立体：传染病房楼能即时切换成独立的体系，有独立的出入口、垂直交通、空调、一次污水处理系统。普通病房楼可不受影响地正常运作，与门诊和其他建筑有便捷的联系。这是一座空间布局明确的“平疫结合”病房楼。

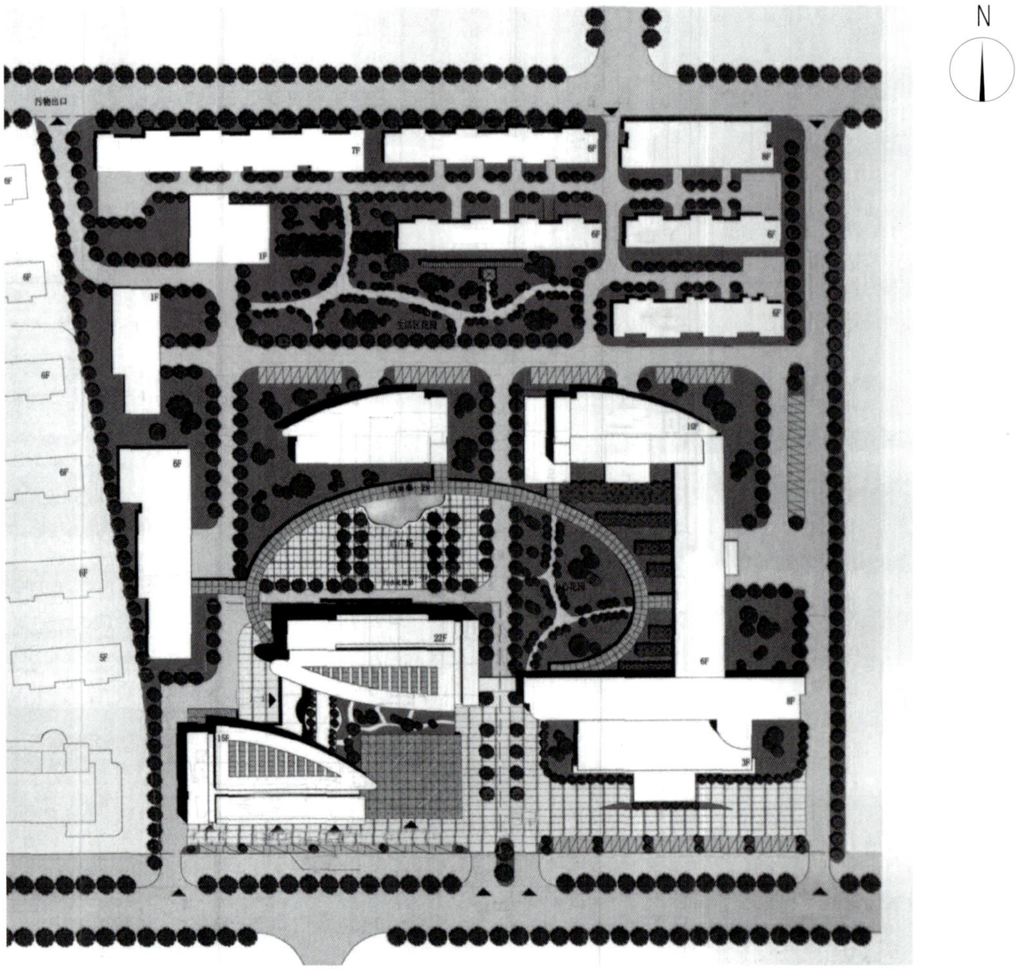

总平面图

外景一

外景二

局部

大厅

98 河南省疾病预防控制中心

设计单位：中南建筑设计院
建筑面积：31 263 m²
竣工时间：2006 年

2006

河南省疾病预防控制中心位于郑州市农业东路，占地面积 5.28 hm²，其中，有主要建筑实验室用房 17 340 m²，业务用房 7 820 m²，办公用房 1 020 m²，辅助用房 7 820 m²。实验楼为 6 层，综合办公楼为 8 层（地下 1 层）。

规划设计的原则是：最充分地利用自然环境，最大限度地尊重自然环境，保护生态环境；前瞻性的设计理念，考虑未来发展的预留用地；各个科研建筑模块化的设计；统一规划、分期建设。疾病预防控制中心从功能上可以分为三大类：科研实验建筑、行政办公建筑、生活后勤配套建筑。总体规划以主入口轴线贯穿用地，将整个用地分为科研实验区和办公区，并在基地东北角预留发展用地。各功能分区明确且不相互交叉，便于区域安全管理和控制。整体通过连廊形成内部庭院，建筑造型简洁并具现代感。

外景

局部

入口

大厅

99 河南科技大学第一附属医院外科病房楼

设计单位：机械工业第四设计研究院

建筑面积：31 127 m²

竣工时间：2005 年

2005

河南科技大学第一附属医院位于洛阳市景华路，病房楼地上 16 层，地下 1 层，高 64.9 m。地下 1 层为机房及消防水池、医用气体站。地上 1 层为综合功能大厅，包括入口大厅、药房、收费处、中心供应站、血库。2 层为手术室及重症监护室（ICU），手术室共有手术台 15 台。重症监护室设 9 张床位。2 层与 3 层之间为设备夹层。3 层为产科，产房共有产床 4 张，候产床 5 张。4 层至 15 层为标准病房，共有病床 532 张，且每层设一个示教室。标准层为“Y”字形布局，南侧两支呈 150° 角展开，护士站布置在“Y”字形交叉处。医护办公用房设置在“Y”字形的北翼。16 层为学术报告厅、计算机控制中心。外科病房楼系现代建筑风格，造型简洁，与总体环境相协调。

入口

外景

100 新乡市第一人民医院综合病房大楼

设计单位：新乡市建筑设计研究院
建筑面积：26 347 m²
建设时间：2005 年

2005

新乡市第一人民医院综合病房楼位于新乡市平原路，是集医疗、功能检查为一体的多元化综合性医疗大楼。

建筑采用双走廊布局，住院病房布置在走廊两侧，治疗与护理单元设于中跨，为病人提供最好的救治环境，并能缩短与病房间的服务距离，方便与病人的沟通，提供快捷有效的服务。建筑外形规整，外观辅以弧形挑台，以玻璃幕墙饰面，蓝色幕墙与白色墙体对比强烈，透出些许医院特有的建筑风格。

外景

入口

101 新乡市中心医院外科病房楼

设计单位：中国中元国际工程设计研究院
建筑面积：35 222 ㎡
竣工时间：2006 年

2006

新乡市中心医院位于新乡市金穗大道，病房楼设计本着以病人为中心的思想，体现“生态”“环保”的概念，突出节能。综合平衡实际需要与适度的超前理念，选择使用现实可行的新技术、新材料，注重人物分流、洁污分流，以防止或降低交叉感染，改善医护人员工作环境，提高医护工作效率。另外，病房楼设计还从空间布局、无障碍设计、信息引导图标设计等方面体现以人为本的理念。

外装修采用外墙乳胶漆，辅以石材及玻璃幕墙，采用铝合金窗和透明中空玻璃，体现医院建筑现代、精巧、高技术的特性。

外景

新乡市中心医院

102 河南宏力医院医疗综合楼

设计单位：中国中元国际工程设计研究院
建筑面积：110 000 m²
竣工时间：2007 年

2007

河南宏力医院位于新乡市长垣县新城开发区，占地 20 hm²，建筑布局采用集中与分散相结合的方式。设计以“关注人文”为主题，绿化场地和医疗楼群和谐搭配，诊室和病房最大限度地利用自然采光，全院区绿化良好。医疗综合楼沿主干道南北展开，将东侧门、急诊部、西侧医技部、南侧住院部衔接成整体，功能划分清晰合理。沿街建筑群高低错落，层次清晰，具有节奏感。

外景

行政楼

大厅

103 中原油田职工总医院综合门诊楼

设计单位：中原石油勘探局勘察设计研究院

建筑面积：19 750 m²

竣工时间：2007 年

2007

中原油田职工总医院位于濮阳市大庆路，占地 19.7 hm²，是集医疗、教学、科研、预防保健、康复为一体的三级甲等医院。综合门诊楼地上 8 层，地下 1 层，对称布局，中心为三层高的共享大厅，与已建成的检验楼、病房楼通过连廊连接。急诊入口、儿科入口布置在建筑东西两侧，既方便人流出入又可与主体建筑有适当的隔离。门诊楼主入口位于正对医院大门的中轴线上，两侧布置绿化广场和停车场，为医院营造一个优美的医疗环境。门诊楼主立面以大面积玻璃幕墙与横向金属格片分层分隔，形成通透明亮的室内就诊环境。整座建筑造型端庄大方，色彩对比强烈，以对称的手法表现了医疗建筑的简洁庄重。

外景

大厅

104 灵宝市第一人民医院

设计单位：机械工业第六设计研究院
建筑面积：24 230 m²
竣工时间：2003 年

2003

灵宝市第一人民医院位于灵宝市新华路，建筑主体共 10 层，地上 9 层，地下 1 层，高 36.6 m。建筑平面布局将门诊、检验、病房等用传统方法进行功能分区，在总体上安排了宽阔的广场，布置了绿化区及停车场。大楼整体组合自然而简洁，成为该市具有行业特色的代表性建筑。

外景

全景

105 商丘市第一人民医院病房楼

设计单位：上海励翔建筑设计事务所

建筑面积：47 340 m²

竣工时间：2007 年

2007

商丘市第一人民医院位于商丘市凯旋南路，是一所集医疗、教学、科研、保健、康复为一体的三级综合性医院。新建病房楼地下 1 层，地上 14 层，设计床位 1 000 张，建筑总高度 66.6 m。

病房楼地下 1 层为汽车车库及设备用房；3 层为洁净手术部和重症监护室（ICU）；4 层为设备层；其他各层为病房、办公室及辅助用房，共设 30 个专业病区。为充分利用地形，病房楼采用“L”形折线布局，与前期的门诊楼形成呼应关系。沿外墙布置的病房卫生间为立面带来有节奏的韵律及光影变化。整座建筑大气舒展，形体活泼，较好地体现了现代医疗建筑技术与艺术的统一。

全景

入口

106 周口市中心医院病房楼

设计单位：机械工业第六设计研究院

建筑面积：67 500 m²

竣工时间：2007 年

2007

周口市中心医院位于周口市人民路，是一所国家三级甲等医院，也是豫东南地区规模最大的一家综合性医院，病房楼有床位 1 100 张。地下 1 层为设备用房及车库，地上 1~3 层为中心供应、放射科及手术部，4~20 层为标准护理单元。全楼共设 35 个病区，42 个护理单元。平面采用内廊板式布局，利用中部的弧形阳光室及交通核心将每层平面自然划分为两个护理单元，功能分区合理，动静划分明确，护理流线高效。建筑造型简洁大方，立面通过竖向弧形体块与横向窗户的虚实对比，体现出医疗建筑内在功能与外部造型的协调统一。

外景

107 南阳市第一人民医院病房楼

设计单位：上海励翔建筑设计事务所
建筑面积：47 340 ㎡
竣工时间：2008 年

2008

南阳市第一人民医院位于南阳市人民南路，医院以超前的理念设计建造，平面为U 形布局，建筑外墙采用双层中空玻璃，具有保温节能、防紫外线功能。病房楼设置床位 800 张，内部设施完善、先进，病房及走廊宽敞明亮，舒适方便，地温中央空调让整栋楼四季如春，体现出“现代化、自然化、家庭化、人性化”的特征。远程会诊中心、先进的重症监护室（ICU）中心、血液净化室和高标准的洁净手术部为患者提供优质安全的服务。院内建有绿地、花园、广场，以及休闲散步的小公园，环境优美。

全景

六 商业建筑

狭义上的商业建筑是指供商品交换和商品流通的建筑，主要包括大型百货公司、购物中心等。商业建筑在公共建筑中数量最多、分布最广，同广大城市居民关系最为密切。这类建筑中不少是多层、高层或大空间、大跨度、高标准的高楼大厦，是城市商业区规模最大、现代化水平最高、建筑艺术面貌最突出的建筑。

随着河南省经济的发展，新的商业业态在各地市相继出现，商业建筑逐渐向规模大型化、商业配套完整化、服务功能复合化方向发展，也越来越受到关注。郑州大上海城、郑州德化步行商业街、郑州国贸中心、南阳新华城市广场及济源建业新天地步行街等，均是集购物、休闲、娱乐、饮食等多种功能于一体的大型购物中心，这种舒适的购物环境给人以体验式的消费感受，从很大程度上改变了人们的消费观念和生活方式。

108 郑州大上海城

设计单位：株式会社日本综合计画研究所

建筑面积：320 000 m²

竣工时间：2008 年

2008

郑州大上海城位于北二七路、东太康路、人民路所围合成的“金三角”商业核心地段，又称郑州市最繁华的“二七商圈”黄金腹地，东西长 430 m，南北长 280 m，占地 6.6 hm²。整个大上海城由上海商城、时尚名街、城市主题广场、展示中心、商务写字楼、酒店式公寓等部分组成。多条步行街融入了诸多的广场和空中连廊，点、线、面相互穿插，形成了一条空间丰富多彩的立体步行街。160 余部电梯等智能化先进设施提供配套服务，28 个出入口、1 000 多个停车位吸纳人潮形成出入动线。这是一个集购物、休闲娱乐、餐饮、健身、旅游等多种功能于一体的大型购物中心。

外景

屋顶花园

盛装开幕
敬请期待
内景一

周大生 CHOW TAI SENG
LANCHEN
内景二

东太康路
绿茵阁西餐厅
Bakers Pizza
百特喜
步行街

109 郑州丹尼斯花园路商厦

设计单位：郑州市建筑设计院
建筑面积：74 700 ㎡
竣工时间：2007 年

2007

郑州丹尼斯花园路商厦占地 8 000 ㎡，是定位为精品百货和商场会员休闲俱乐部的大型商业综合楼。地上 15 层，地下 2 层。1~13 层为营业厅，14 层和 15 层为商场会员休闲俱乐部，包括餐饮部、健身房、游泳池、羽毛球馆、女子 SPA 馆、儿童乐园、美容养生馆和棋牌室等。地下 2 层和局部地下 1 层为汽车车库和设备用房及超市。顾客、职工人流，车流，货流，流线清晰，互不干扰。消防、无障碍交通、节能等措施考虑较周全。

为体现商场的特点和建筑的整体性，外立面采用现代材料，光面石材实墙与玻璃幕墙形成对比，色彩柔和明亮、协调统一；纵向线条的处理挺拔有力，减弱了较大体量具有的压抑感。简约明快的造型，建筑细部的刻画，体现了大商场的沉稳与气势，不失为该地段的标志性建筑。

外景

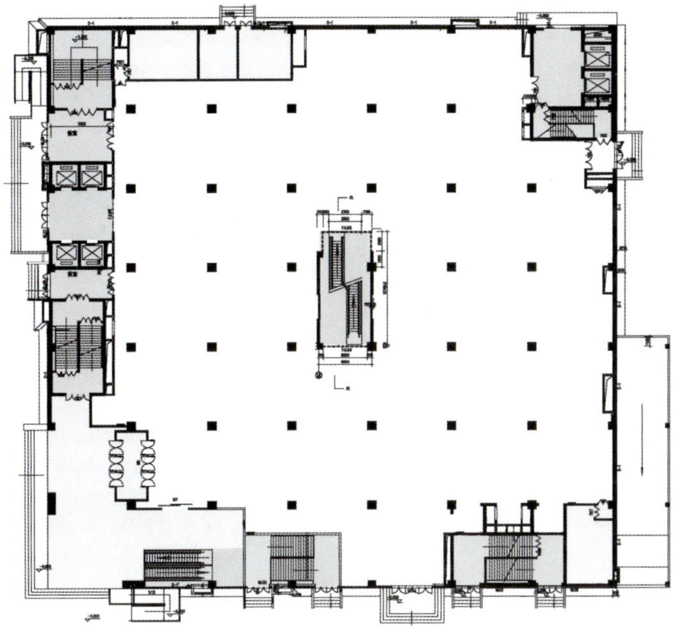

平面图

内景

会所大厅

顶层游泳池

110 郑州德化步行商业街

设计单位：美国泛亚易道设计事务所
建筑面积：49 000 ㎡
竣工时间：2002 年

2002

德化步行商业街是在郑州市原德化商业街的基础上经改造、扩建而成的，由德化街和苑陵街两个街区组成。其中有下沉中心广场及环形步行街道，北起二七广场，南至大同路，西经苑陵街通往郑州火车站，全长 600 m，红线宽 20 m，花岗岩铺装总面积 12 000 ㎡。便捷的多向步行街，拓展了郑州早年的德化商业街，延续了城市文脉和商城的历史发展。德化街的扩建坚持以人为本的理念，是集购物、休闲、娱乐、美食、旅游为一体的步行商业街，被誉为郑州市的“城市客厅”。

下沉式中心广场

广场局部

配楼外景

商场入口

内街

111 郑州国贸中心

设计单位：郑州市建筑设计院

建筑面积：560 000 m²

设计时间：2005 年

2005

郑州国贸中心位于郑州市花园路，占地面积 4.74 hm²，是一个崭新的集居住、高级智能办公、主题商业街区为一体的最新商业业态，以建筑面积超大规模、高辐射性区域优势、高素质消费群体等特点，成为中国第一家导入“第四代商业模式”的综合性街区。

郑州国贸中心的定位是城市商业街生活中心，集展示、商务、购物、娱乐、休闲、餐饮、旅游、文化、健身、情感交流十大商业功能于一体。由 70 000 m² 商业建筑、5 座高层建筑、1 座 5 层高的商场组成。其中酒店式公寓内部采用区域中央空调、室内独立新风系统、逆渗透（RO）直饮水系统、外墙保温体系，商务写字楼建筑表面采用呼吸幕墙，倡导节能、绿色、环保，内部采用区域中央空调、独有新风系统及 5A 智能化系统。

该项目周边生活、工作、休闲设施配套成熟完善，地理位置优越，交通便捷，是郑州首个拥有“2 分钟便利生活圈”的复合地产项目。

外景

ONLY
zippo
zippo
zippo
zippo

商业内街

VERO MODA
VERO MODA
MODA

中庭一

SELECTED

中庭二

112 郑州红星美凯龙全球家居广场

设计单位：江苏省纺织工业设计研究院
建筑面积：200 000 ㎡
竣工时间：2009 年

2009

郑州红星美凯龙全球家居广场位于郑州市郑汴路与中州大道交叉口的东南角，地上 6 层，地下 2 层，总建筑面积约 200 000 ㎡。

建筑平面呈长方形，在设计中从功能出发，结合多层次的购物主题和购物单元，以便利的步行交通组织优化购物环境，力图创造立体多元化的购物空间，提供多层次、多样化的商业布局，避免单调与乏味，通过中庭的设置达到空间的变化与穿插，使建筑内部的公共空间活跃而充满吸引力。

体块分明的建筑造型简约、现代，在设计中体现现代都市特色。建筑立面设计高雅明快，极富现代感。外墙面处理运用双层表皮的手法，内层实墙以灰色为基调并有丰富的肌理，外层为透明的玻璃幕墙。这样既丰富了建筑立面表皮的层次，又强化了建筑的特征与标识性。

外景

局部

内景

113 中国农业银行河南省分行办公楼

设计单位：机械工业第六设计研究院
建筑面积：34 509 ㎡
竣工时间：2006 年

2006

中国农业银行河南省分行办公楼位于郑东新区商务外环路，在方案设计上确立了“简约、共享、生态”的原则，在“共享”中引入了“城市客厅”的概念，并充分融入现代城市设计的思想和方法，形成完美的建筑形象和空间景观，局部设置的平台花园突出了以人为本的设计理念。在建筑立面的设计上，大体块之间的穿插、咬合，形体的凸凹，新材料的运用，共同创造了具有鲜明时代感的建筑形象。LOW-E（低辐射）玻璃的应用和节能措施的实施，使办公楼节约了大量的能源。

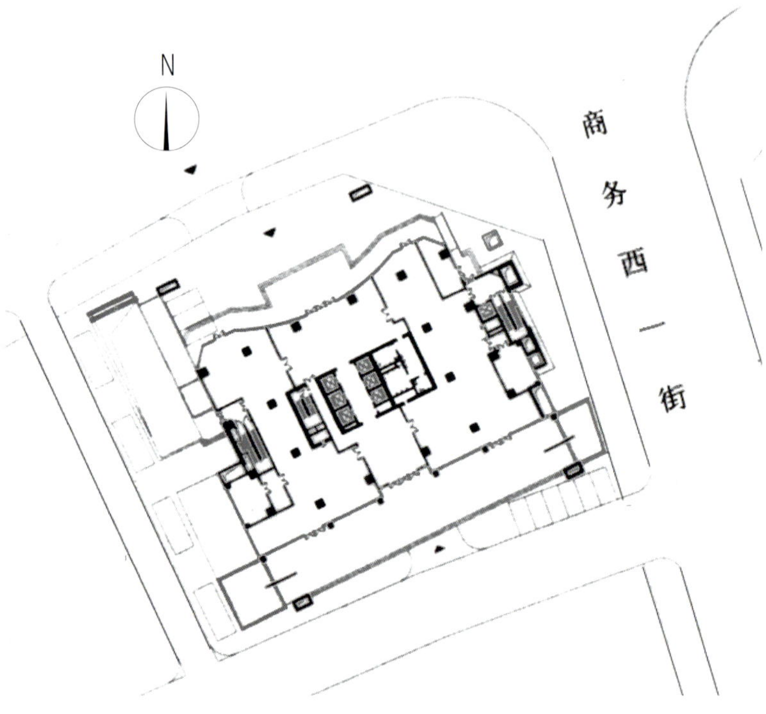

总平面图

局部

外景

114 洛阳枫叶国际购物广场

设计单位：洛阳规划建筑设计有限公司

建筑面积：63 433 ㎡

竣工时间：2007 年

2007

枫叶国际购物广场位于洛阳市中州中路，基地面积 3 738 ㎡，地上 27 层，地下 1 层，建筑高度 98.7 m。

本建筑是一座集写字楼、公寓楼、商场及住宅楼为一体的综合性建筑群，主楼分为写字楼、公寓楼、住宅楼三个结构单元。建筑造型端庄大方，大面积的玻璃幕墙与实墙形成强烈的虚实对比，现代气息浓厚。在平面设计上布局合理，功能完备，流线分明，下部商场、上部公寓及住宅人流互不干扰。

入口

全景

115 洛阳红星美凯龙世博家居广场

设计单位：洛阳规划建筑设计有限公司

建筑面积：65 666 m²

竣工时间：2004 年

2004

洛阳红星美凯龙世博家居广场位于洛阳市王城大道，设计上在考虑与城市街区结合的同时，力求将其融入到商业街的现代氛围中。平面布局上，柱网规整，中庭宽阔，商铺开敞，办公、库房布局合理，体现了现代商业多功能的复合；立面造型简洁，虚实对比强烈，银灰色铝塑板与淡蓝色镀膜玻璃幕墙组合搭配，更显商业氛围。

外景

中庭一

中庭二

Selected Architecture in Central China *Public Architecture in the 21st Century*

116 洛阳凯瑞·君临广场（王府井百货）

设计单位：洛阳规划建筑设计有限公司
建筑面积：47 744 m²
竣工时间：2005 年

2005

洛阳凯瑞·君临广场（王府井百货）位于洛阳市中州中路，地下 1 层为商业用房、汽车库及设备用房，地上 4 层为商业及办公用房，建筑总高度 22.2 m。建筑平面为 L 形，采用大跨度柱网，商场内部设有东、西、中三个中庭。

建筑中玻璃幕墙、飘架、招贴广告等商业建筑元素的组合，加强了该地段的现代商业气息。

内景

中庭

117 洛阳市商业银行综合营业大楼

设计单位：中色科技股份有限公司

建筑面积：34 000 m²

竣工时间：2007 年

2007

洛阳市商业银行综合营业大楼位于洛阳新区，地上 26 层，地下 1 层，框架剪力墙结构，建筑高度 99.9 m。本设计采用灵活的平面形式，创造了一个灵活的空间形态。主楼外立面突出竖向线条，并在其尺度、细部和窗的比例、建筑顶部等的处理上，结合平面的转角形态进行了认真的推敲，与塔楼高耸的体量相协调，形成立面的肌理感。裙房以富有韵律的柱廊和大面积的实墙形成的虚实对比，强烈地突出了银行建筑所要体现的坚实、稳重的形象特征。

大厅

外景

118 济源建业新天地步行街

设计单位：机械工业第六设计研究院
建筑面积：20 000 m²
竣工时间：2009 年

2009

济源建业新天地步行街位于济源市宣化大街，是一个集商业、娱乐、休闲和住宅为一体的立体式建筑群体，其局部3层，SOHO（小型家居办公室）楼为12层。

步行街主入口为一占地约2 000 m²的大型广场，并设有音乐喷泉，广场汇聚人流进入步行街。三层外廊式的商铺，错落的连廊，室外自动扶梯、楼梯，组成了相互贯通的步行通道。

广场全景

逍遥网络
FAMILY STEAK HOUSE
全家来牛排店

广场局部

步行街部分旺铺
火爆招商中
0391
6808005
建业新天地步行街

入口

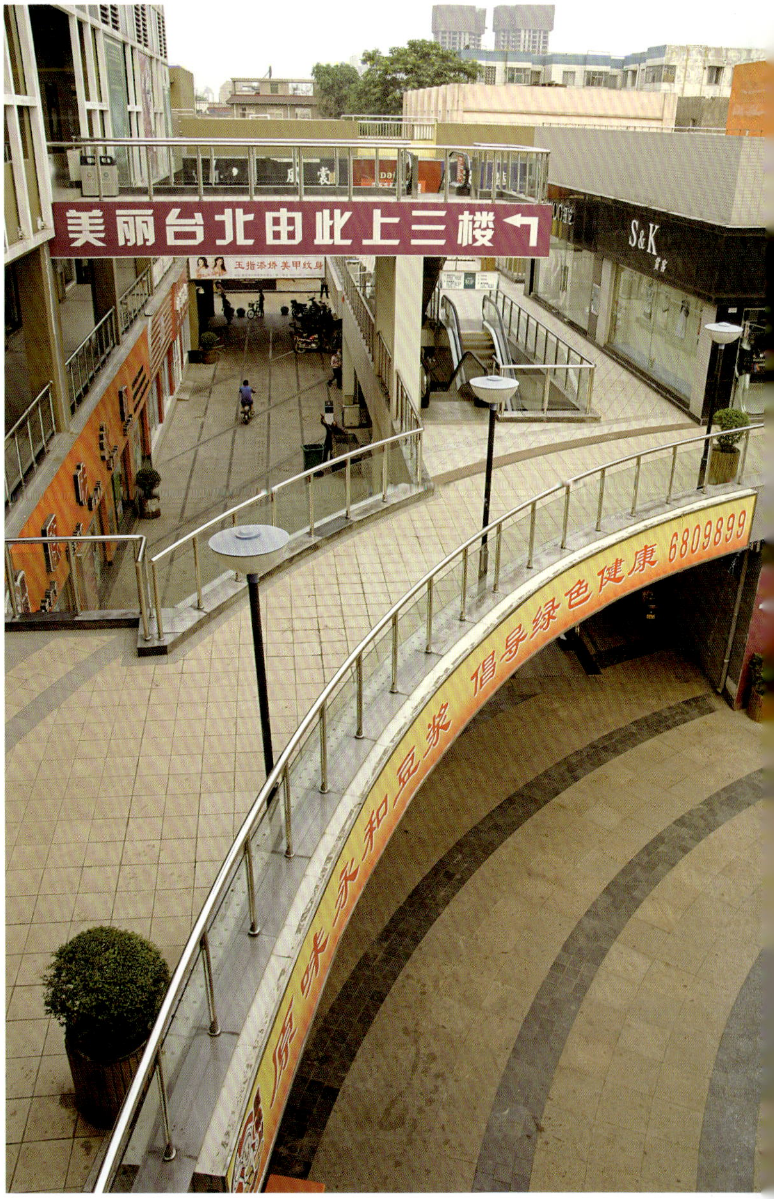
美丽台北由此上三楼
S&K
倡导绿色健康 6809899

内街

119 南阳新华城市广场

设计单位：北京远骥都市建筑工程设计事务所
建筑面积：230 000 ㎡
竣工时间：2007 年

2007

南阳新华城市广场位于南阳市新华西路，总体平面为矩形，南北长 242.5 m，东西长 272.8 m，是集商业、公寓、写字楼、住宅为一体的城市综合建筑体。占地面积 6.6 h㎡，其中地下 1 层约 42 000 ㎡，规划有近千个停车位，商业 6 层裙楼建筑面积约 78 000 ㎡，4 栋分别为 21~25 层的塔楼建筑面积共约 109 000 ㎡。自动扶梯贯穿商场，中央空调四季如春，让人尽享体验式购物的乐趣。另外，按照规划配套建设有 33 000 ㎡带音乐喷泉的城市广场，以及下沉式商业文化广场，整个城市广场划分为文化景区、绿化景区、休闲健身、商贸服务和交通集散等九大业态。

外景

城市廣場
奥斯卡
SUNING
苏宁电器
奇奇樂園
陈子安饼屋
盛大开业
地下室
批发零售
下沉式广场

中老年服饰精品欢迎您
优雅名媛
孕装
内景

七 体育建筑

体育建筑是指作为体育竞技、体育教学、体育锻炼和体育娱乐等活动之用的建筑，包括建筑物和场地设施等。体育馆是指配有专门设备，能够进行单项或多项室内竞技比赛和训练的建筑，主要由比赛和练习场地、看台和辅助用房及各种设施组成。体育场是指具有体育比赛和其他表演用的宽敞的室外场地，同时可提供大量观众坐席的建筑。

体育是社会发展、人类进步的重要标志，是一个国家和地区综合实力及文明程度的综合体现。体育建筑是城市景观的一个重点，是城市文明的标尺，具有重要的社会和美学意义。一个优秀的体育建筑作品往往是独特的创意和多学科知识的结晶，同时，新技术、新材料、新手法在设计中的运用，使得体育建筑在体量、体形及风格等许多方面常常与众不同而分外引人注目。

21世纪以来，随着社会经济的发展，人们的物质与精神文化生活水平日益提高，我省体育事业蓬勃发展，社会的体育文化活动日益丰富，从而带动和促进了体育场馆及体育基础设施的建设，大大拓展了我省体育事业的发展空间。这期间，相继落成了一批功能多样化、结构高技术化、建筑风格多元化、造型新颖独特的体育场馆。河南省体育中心体育场的独特穹形网架罩棚结构和目前居全国第一的网架跨度，展现了其宏伟壮观的气势，橄榄形薄壳结构与大荧幕相得益彰的配合，使整个建筑风格迥异，极具特色；洛阳市体育中心采用悬拉索和网壳结构，其造型风格与体育中心其他建筑相呼应，使该体育中心建筑整体风格简洁明快，富有现代表现力；河南省射击馆典雅大方，具有时代感，其精细的设计、合理的布局、敞亮的空间、宽阔的视野、良好的降音效果、齐全而先进的设备，为射击运动员的训练、比赛提供了良好的条件。21世纪以来，我省的体育建筑无论在数量还是场馆设计水平上都上了一个新的台阶，相信其前景与未来会更加美好光明。

120 河南省射击馆

设计单位：河南省纺织建筑设计院有限公司
建筑面积：13 274 m²
竣工时间：2007 年

2007

河南省射击馆位于郑州市连云路河南省射击运动管理中心区西北角，建筑共 3 层，高 14.05 m。南北朝向，由西向东依次为决赛馆、竞赛工作用房、25 m 射击馆、50 m 射击馆及 10 m 气枪馆。竞赛工作用房的位置位于院内东西轴与南北轴线相交处的北向延伸线上，位置明显而突出。场馆的人流均从南向进入，新闻发布会、决赛馆、竞赛工作接待处以及各场馆均有单独出入口，互不干扰。立面造型通过弯曲的墙面与强烈的色彩处理消除了较长体形可能带来的呆板和单调感。

入口

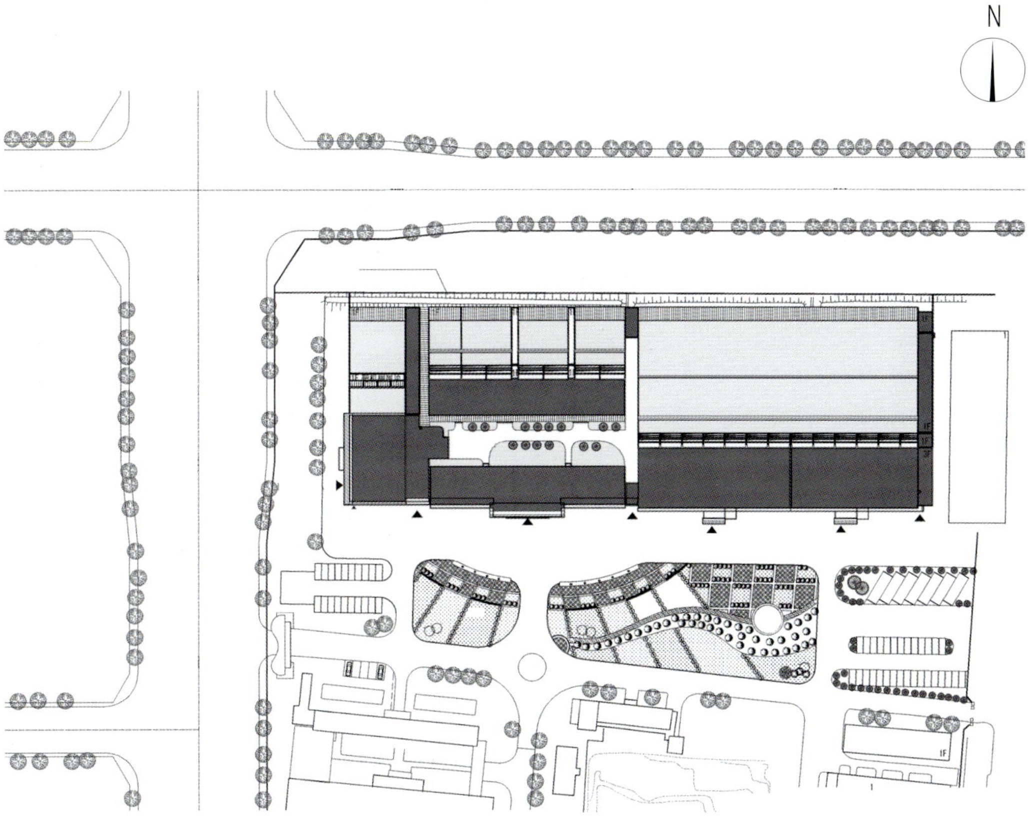

总平面图

内景

局部

121 河南省体育中心体育场

设计单位：北京市建筑设计院
建筑面积：69 154 m²
竣工时间：2002 年

2002

河南省体育中心位于郑州市三全路，占地面积 64 hm²，主要设施有可容纳近 5 万人的体育场以及田径场、足球场、棒垒球场、综合训练馆及配套设施。体育中心采用绿化式围墙，近 5 000 m 环绕中心的绿化带为国内首创，多层花园式景观绿化设计，使中心绿化面积达 250 000 m²。中心体育场建筑造型独特，设计新颖，设施先进，功能齐全。新闻发布中心，多功能厅，首长休息室，贵宾室，包厢，会议室，运动员、裁判员休息室，赛后控制中心，大型展厅，演员化妆室，餐厅等一应俱全；高清晰度的彩色大屏幕显示系统，计时计分系统，计算机网络系统，数字化控制（DOC）系统，全套进口扩声、音像和场地灯光系统，使体育中心的硬件设施达到了国内一流水平。该工程科技含量较高，创造了网架罩棚跨度最大、椭圆形大屏幕形状最独特以及最标准的弧形大看台三项全国第一。

全景

屋顶局部

西入口外景

局部

内景

122 郑州大学体育馆

设计单位：郑州大学综合设计研究院

建筑面积：5 967 ㎡

竣工时间：2005 年

2005

郑州大学体育馆位于郑州大学新校区东西轴线的西北侧，是一座多功能体育馆。馆内设固定坐席 2 400 个，活动坐席 1 800 个，以满足不同功能下的使用要求。体育馆共 2 层，建筑高度为 25.1 m。体育馆平面呈圆形，运动员、贵宾出入口分别设在 1 层的东西两侧，观众入口设在 2 层平台之上，流线互不干扰。屋顶采用钢管桁架结构，跨度达 72 m。体育馆外墙略向外侧倾斜，采用米色石材贴面，使建筑体量稳重又不失灵动；而“凸”字形的竖向条窗，既丰富了墙面的虚实变化，又增强了弧形墙面的韵律感。

外景

局部

内景

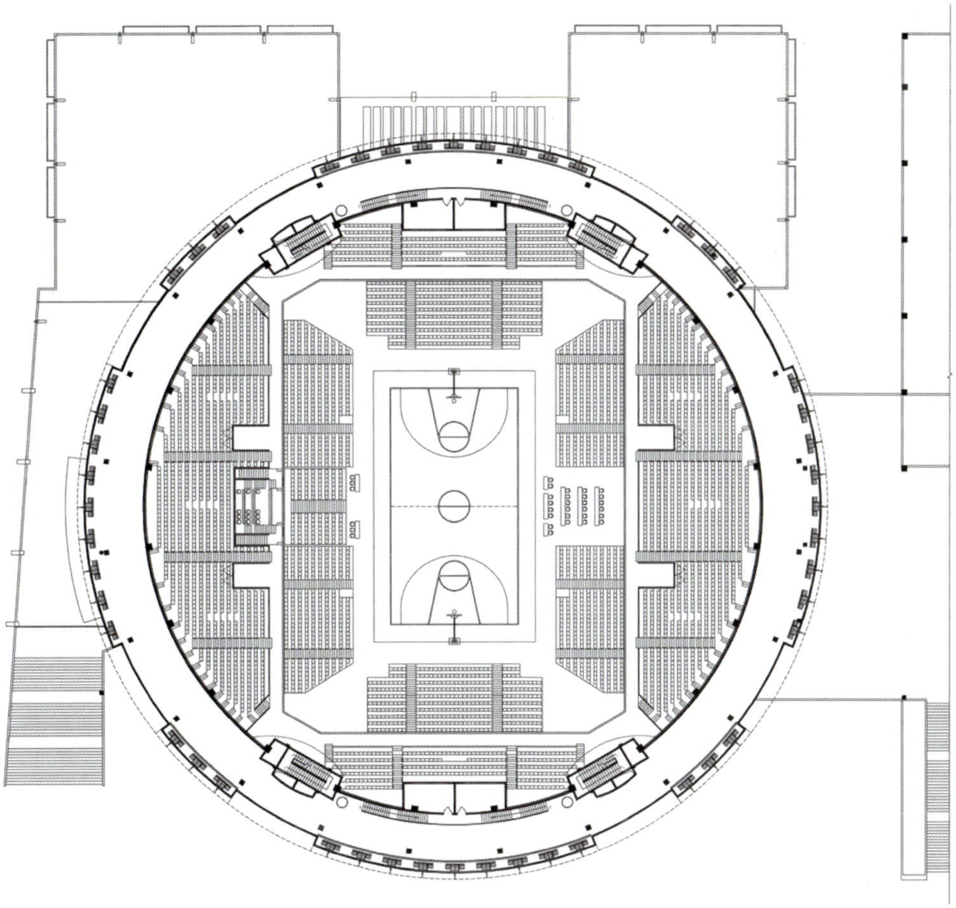

平面图

123 郑州航海体育场

设计单位：郑州大学综合设计研究院
建筑面积：25 180 m²
竣工时间：2002 年

2002

航海体育场位于郑州市朝凤路，主要分为内场和东西大厅两个部分，上下 3 层。建筑高度 21.92 m，顶棚高度 36.0 m，主体呈马鞍状。大起伏、强动感的大悬挑钢管空间桁架，覆以乳白色半透明的法拉利索膜结构，覆盖了全看台。整体造型轻盈，风格明快，飘逸中有力度，凌飞中有沉稳，充分表现了力与美交融的魅力。体育场内场东西宽 148 m，南北长 216 m，共设四个出口。内设标准足球场一个，能接待国家级赛事及满足群众健身娱乐的要求；田径场达到国家一级标准，可以承接国家级和省级田径比赛。全场看台可容纳 3 万人，共 26 个分区（包括主席台、缓冲区及残疾人看台，残疾人看台专用电梯一部），34 个疏散口。

外景

内景

局部

124 郑州旅游职业学院体育馆

设计单位：郑州大学综合设计研究院

建筑面积：5 967 m²

竣工时间：2005 年

2005

郑州旅游职业学院体育馆位于郑州市航海东路，为正南北布局，观众主入口朝北面向校园中心广场，东西两侧分设观众疏散口，观众入口均在 2 层平台上。运动员和贵宾出入口位于南边 1 层，与观众出入口分置，避免干扰。体育馆北侧和西侧临街留出集散和停车场地。体育馆中部为 39.6 m × 36 m 的比赛场地，可进行篮球、排球及其他小球类项目正式比赛。在比赛场地南北设看台，非对称布局，共 1 489 个座位：北侧为双层看台，共 1 349 个座位；南侧为单层看台，140 个座位（不含主席台座位）。本设计根据高校体育馆的使用特点，在满足正式体育比赛基本要求的前提下，把重点放在实现体育馆场地利用高效率和体育馆运营低能耗两个目标上。体育馆运营低能耗表现为：突出自然采光，以节约人工照明耗电量；强化自然通风效果，以有效地减少空调的使用。

外景

内景

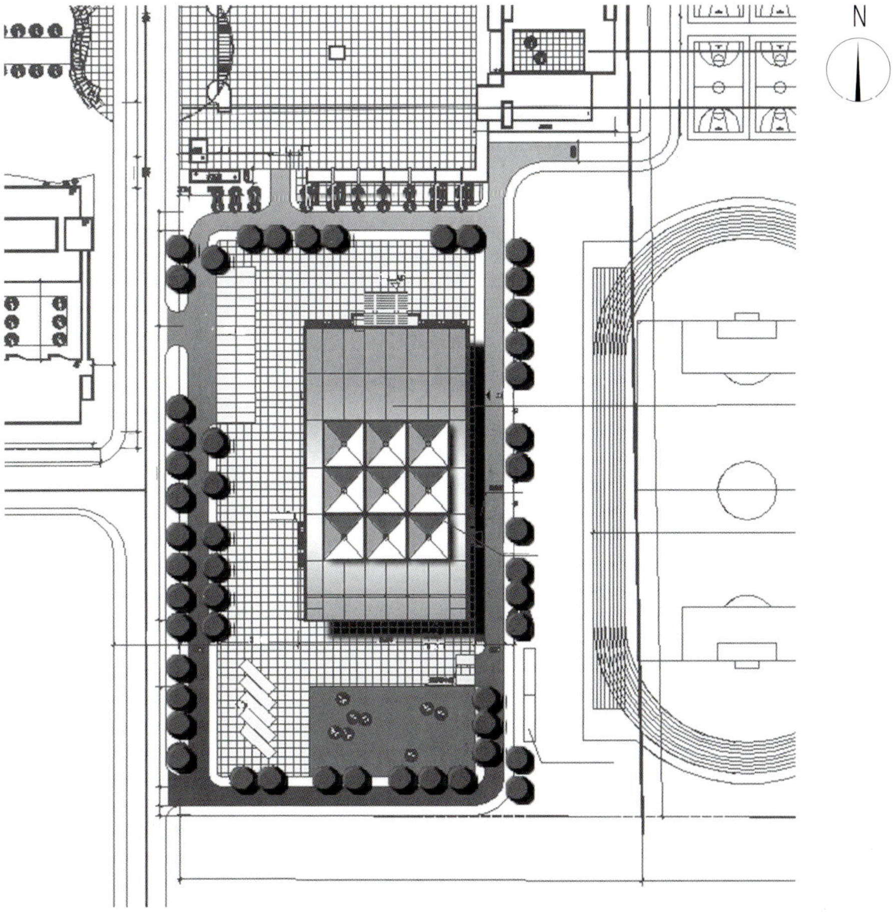

总平面图

125 洛阳师范学院体育馆

设计单位：机械工业第四设计研究院

建筑面积：8 346 m²

竣工时间：2005 年

2005

洛阳师范学院体育馆位于洛阳师范学院南校区，该区为体育教学区，由体育馆、训练馆及游泳池组成，体育馆位于该区主入口处，正对学院北校区电教中心（主要教学楼），馆的南面为训练馆及游泳池。

该体育馆属小型体育馆，有固定座位 1 202 个，活动坐椅 298 个，残疾人座位 4 个，总计座位 1 504 个。椭圆形建筑主体位于方台之上，出挑的屋盖似飞碟飘落，具一定动感。

外景

全景

126 洛阳市体育中心

设计单位：清华大学建筑设计研究院

建筑面积：15 000 m²

竣工时间：2005 年

2005

洛阳市体育中心位于洛阳市新区开元大道，是集体育竞赛、训练、健身、休闲、娱乐和游览为一体的大型体育中心，占地 85.8 hm²，由 6 个大型体育场馆、中心广场、人工湖面、绿地及附属设施组成。该中心由洛阳市政府投资 12.5 亿元兴建，建设分两期进行：第一期工程于 2005 年 5 月竣工并投入使用，包括体育馆、游泳馆、射击场、中心广场和人工湖；第二期工程于 2007 年 5 月竣工并投入使用，包括体育场、网球综合馆和自行车赛场及其他附属设施。

合理的总体布局，良好的交通组织，开阔的水面，郁郁葱葱的绿化环境，使该中心成为我省功能齐全、设施完善、环境优美的体育场所之一。

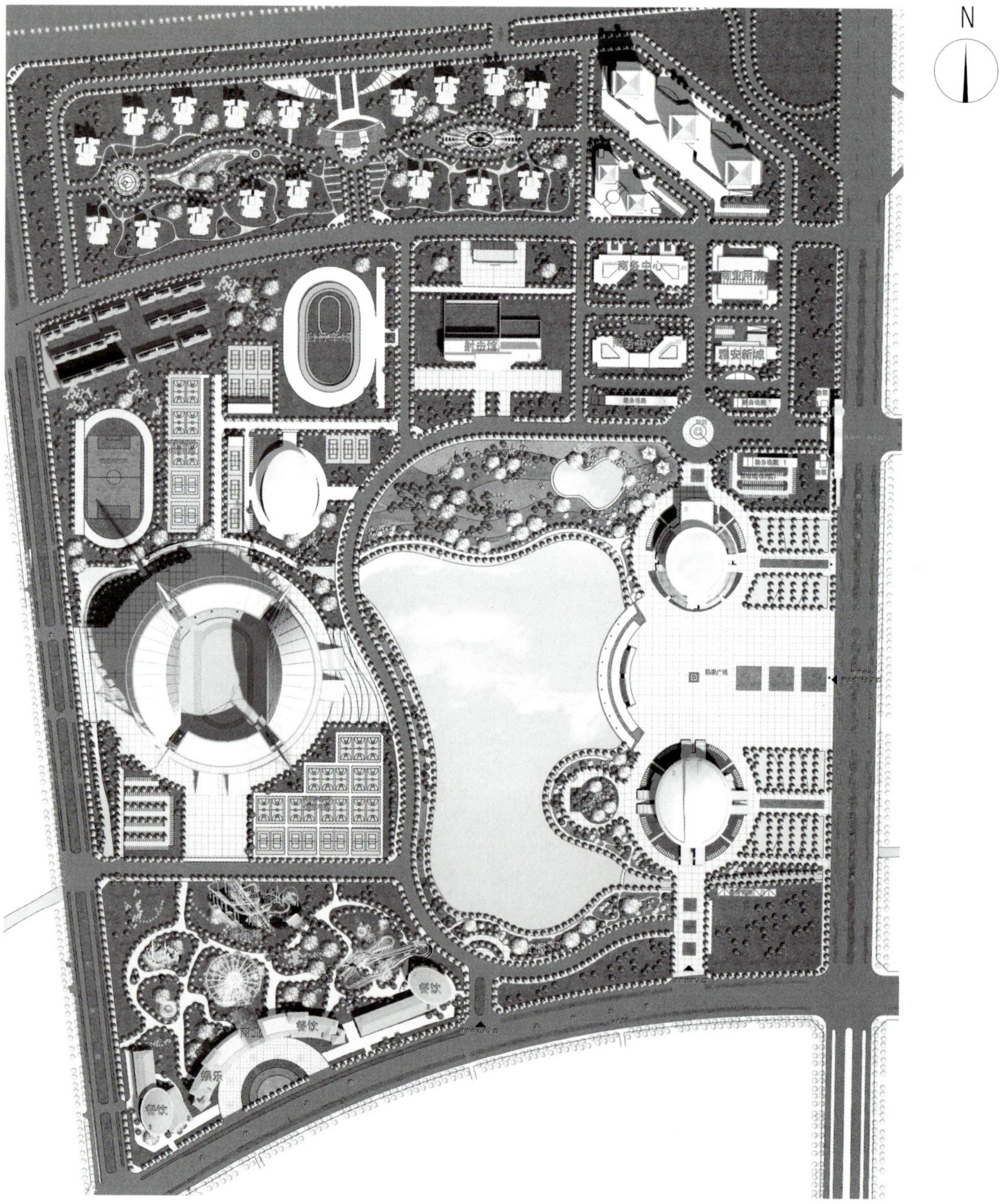

总平面图

主体育馆外景

游泳馆外景

127 漯河市体育馆

设计单位：郑州大学综合设计研究院
建筑面积：8 650 m²
竣工时间：2003 年

2003

漯河市体育馆位于漯河市西郊长江路体育中心，是漯河市目前规划较完整、设施较完备、可进行国家级体育赛事及相关体育训练的基地之一。体育馆设 3 500 个观众席，通过反向的弧形网架屋盖设计，不仅轻盈灵巧，而且与双向的飞檐形成强烈的对比，给人以强烈的视觉冲击。

屋盖设有开放的条形天窗及 V 形侧窗，保证了白天训练时的自然采光要求，可节约能源。此外，运动员休息区、更衣区、贵宾休息区等布局合理，观众席视线良好，疏散安全。

外景

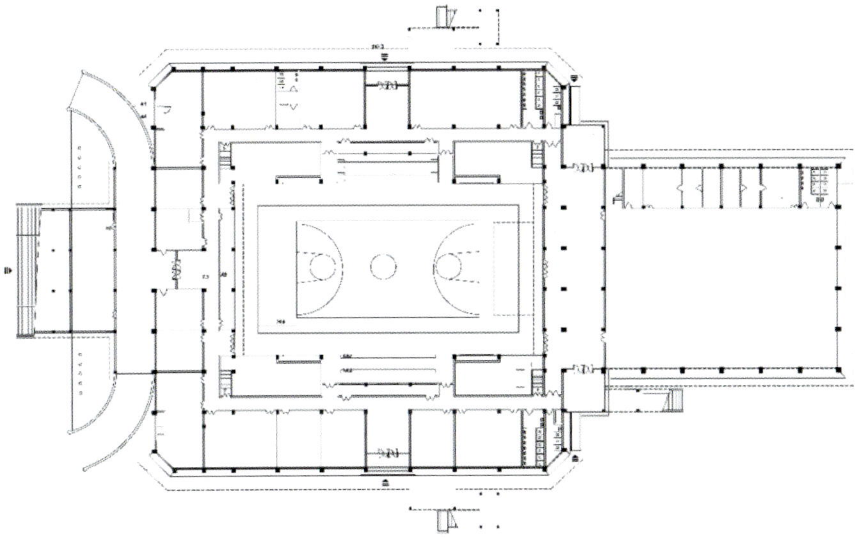

平面图

局部

内景

128 渑池县体育中心

设计单位：郑州大学综合设计研究院
建筑面积：13 000 m²
竣工时间：2005 年

2005

渑池县体育中心占地约 13.3 hm²，总投资 5 000 万元。工程分两期进行：一期工程投资 3 000 万元，于 2002 年 10 月建成并投入使用，包括 400 m 塑胶跑道（内含草坪足球场）、拥有 1 800 座观众席的田径场 1 个、塑胶篮球场 4 个、门球场 2 个、羽毛球场 4 个、网球场 1 个、全民健身园 2 个（内设各种健身器材 150 余件）；二期工程投资 2 000 万元，于 2004 年 4 月正式开工，2005 年 5 月投入使用，包括 3 000 个座位的体育馆 1 座、旱冰场 1 个、综合训练馆 1 座。体育中心的全面建成为当地开展体育训练和举办高水平体育赛事提供了良好的场地和设施。

鸟瞰

篮球馆外景

129 南阳师范学院体育馆

设计单位：郑州大学综合设计研究院
建筑面积：12 000 ㎡
竣工时间：2007 年

2007

南阳师范学院体育馆位于新校区主轴线一侧。东侧为新近落成的学校艺术楼，西侧为学校运动区。体育馆平面呈矩形，观众入口朝向西侧，面向学校运动区。学生日常上课及训练入口面南，门前设一小广场供校内人员集散使用。馆的南北两侧各设有运动员入口，在东侧设有相对独立的办公人员出入口。体育馆由篮球、排球比赛馆，多功能训练厅和体育系办公用房三部分组成：篮球、排球比赛馆按 U 形三面布局 2 000 个固定座位和 1 000 个活动座位，可满足篮球、排球比赛，体育课训练和学校集会及演出等多种需要；体操、乒乓球等多功能训练厅相对独立，设于另一端；办公用房围绕训练厅为夹层设置，既充分利用空间又符合办公空间的尺度要求。

外景

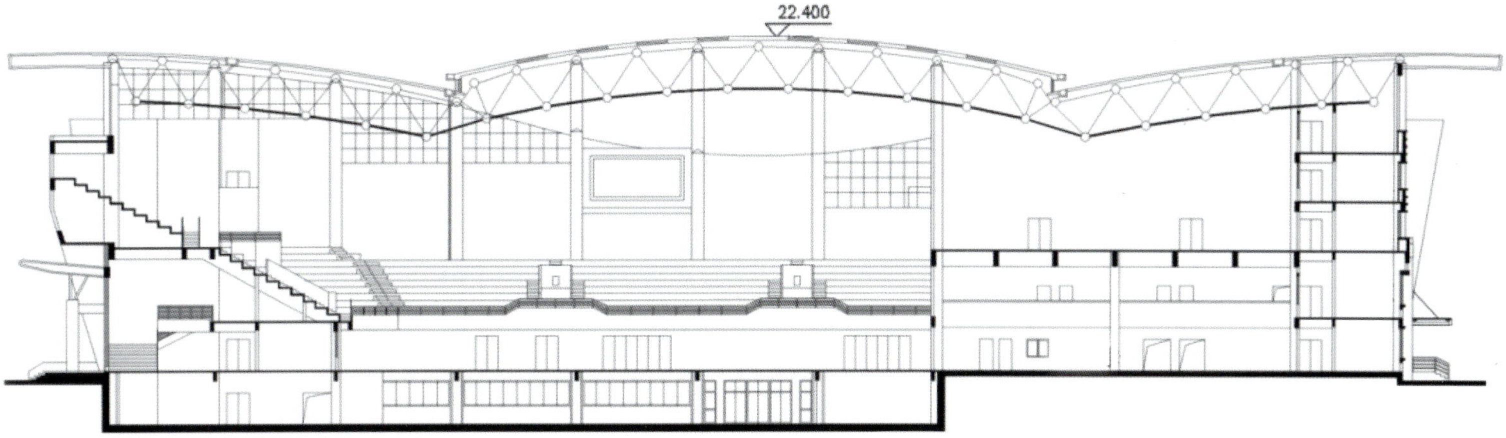

剖面图

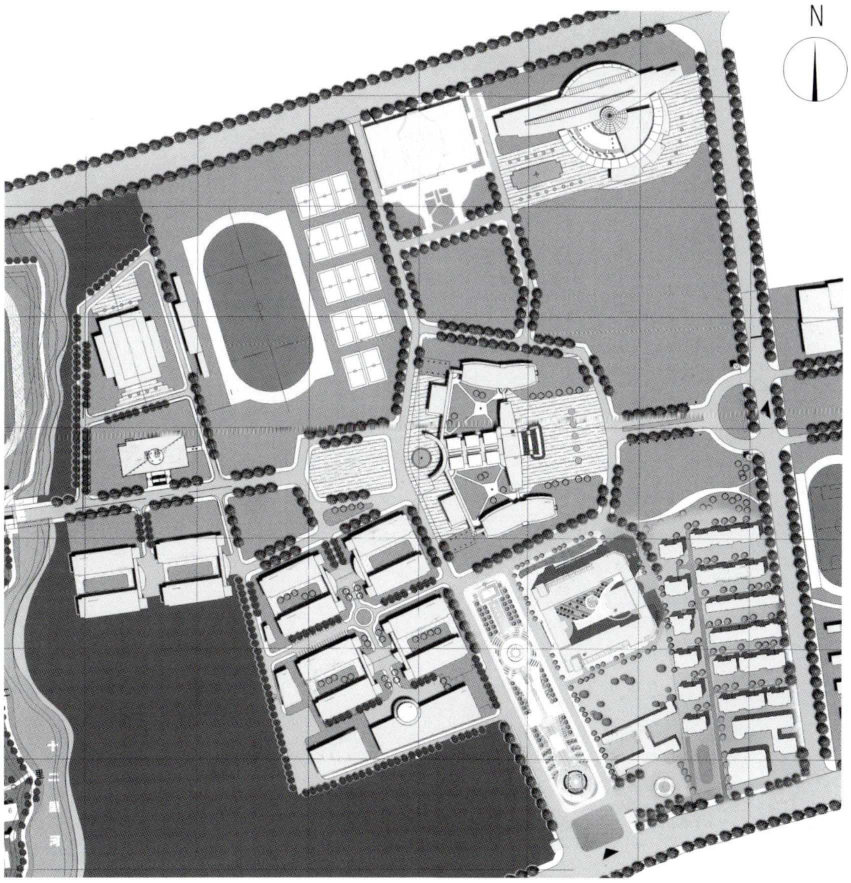

总平面图

130 商丘奥林匹克中心体育馆

设计单位：郑州大学综合设计研究院

建筑面积：13 200 m²

竣工时间：2007 年

2007

商丘奥林匹克中心体育馆为乙级体育建筑，可进行地区性和全国单项体育比赛。平面布局在满足正常体育比赛基础上尽可能为体育馆的多功能使用创造条件。主馆比赛场地采用 34 m × 52 m 多功能场地，观众席位 5 000 座。副馆为运动员训练馆，位于体育馆主体东南部，设有独立出入口，各流线清晰有序，互不干扰。建筑形体由一大一小两个富有张力的曲面相互穿插、咬合而成，整体造型简洁有力，灵动飘逸，其曲面造型与旁边的体育场交相辉映。

东北向外景

东南向外景

131 济源篮球城主体育馆

设计单位：北京城建建筑设计研究院有限公司

建筑面积：20 200 ㎡

竣工时间：2004 年

2004

济源篮球城主体育馆位于济源市文化路王屋山脚下，小浪底之滨，济水之源，是国家八大篮球训练基地之一。主馆为直径 136.4 m 的圆形建筑，内设 5 500 个座位，高 28 m，3 层，建筑造型取意 UFO（不明飞行物），其金属顶、玻璃幕墙，创意独特浪漫。2 层平台采用悬挑梁结构，环绕圆周，既可以快速疏散人群，又具飘逸轻盈感。

入口

全景

外景

夜景

局部

八 交通与通信建筑

随着河南省社会、经济、文化的发展，与现代交通工具配套的交通建筑的发展也日新月异。近些年来，省内各地市的交通建筑不仅追求此类建筑本身的性格表现和现代性，而且注重地方特色，成为城市显著而有特色的标志性建筑。郑州新郑国际机场航站楼新颖壮观，大气灵动，充满力与美的动感，具有鲜明的时代特色，体现了新技术、新材料和新工艺的应用。

在交通建筑伴随城市文明进步发展的同时，河南省的通信建设事业也在迅速发展，高层、超高层通信建筑不断涌现，工程规模越来越大。河南移动通信生产指挥调度中心大楼、开封移动通信网管中心大楼、洛阳龙羽电力大厦、平顶山市广电大厦等，这些通信建筑在总体设计上强调突出企业形象，在建筑布局上根据建设单位所提出的设计要求与用地的具体情况进行合理布局，创造了有机的城市空间环境。这些建筑在立面设计及选材上，注重充分发挥其个性的表现力，将企业文化特色与建筑表现完美结合，综合反映了先进技术与艺术特色的融合。

132 郑州新郑国际机场航站楼

设计单位：中国建筑东北设计研究院深圳分院
建筑面积：128 825 m²
竣工时间：2007 年

2007

新郑国际机场位于郑州市东南 25 km 处，1997 年建成通航，是国内干线运输机场和国家一类航空口岸。航站楼占地面积 24.27 hm²，机场扩建工程 2007 年底竣工后，航站楼建筑面积为 128 825 m²，机坪面积为 25.6 hm²，机位 43 个，年旅客保障能力 1 200 万人次，货邮保障能力 3.5×10^5 t。

航站楼改扩建设计注重与老楼层高的协调，对老楼的结构改造做到最小。在造型设计上以钢构件、玻璃、花岗岩为主要建筑材料，在满足使用功能的前提下，通过材料之间的有机组合塑造生动新颖的建筑形象，使其充分体现现代交通建筑的韵律美。设计中增加了非航空业务的商业空间的规划，注重建筑结构设计及节能设计的合理性与经济性，符合我国创建节约型社会的理念。

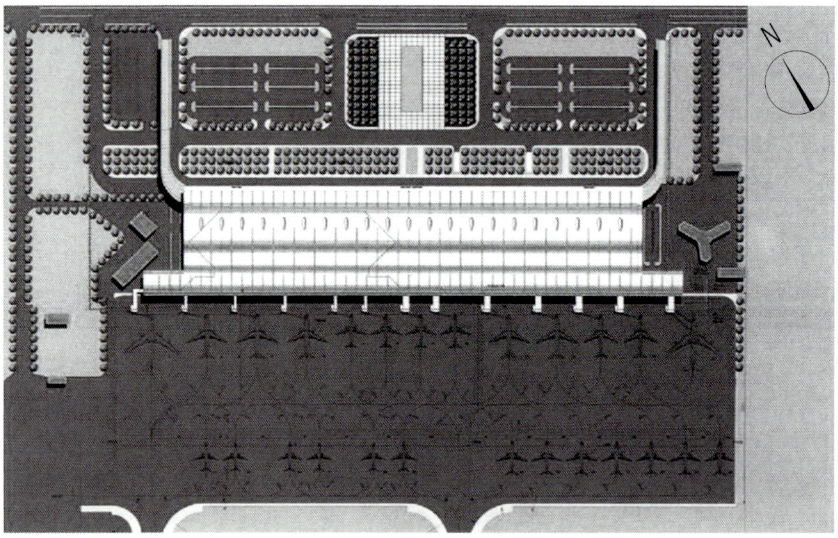

总平面图

全景效果图

外景

候机厅内景

Selected Architecture in Central China *Public Architecture in the 21st Century*

133 高铁三门峡南站

设计单位：铁道部第二设计院

建筑面积：12 000 m²

竣工时间：2009 年

2009

高铁三门峡南站位于三门峡市区以南 2.7 km 的陕县张湾乡，共 2 层。高铁站轮廓采用曲与直的对比，暗喻黄河与天鹅，将自然的壮阔和柔美用图解方式投射于建筑之中。沉稳的花岗岩、现代的铝合金板和大面积的玻璃幕墙，展示了透明、开放、沉稳、进取的城市精神。整个建筑以曲与直、横与竖、虚与实的对比，展现了现代交通建筑的时代风貌。

外景

候车厅内景

入口

134 南阳机场航站楼

设计单位：中国东北建筑研究院
建筑面积：8 262 m²
竣工时间：2009 年

2009

南阳机场航站楼设有登机廊桥 2 座，旅客安检通道 3 条，贵宾安检通道 1 条，以及配套的值机、行李系统。航站楼主要功能分区有离港到港大厅、远机位候机厅、近机位候机厅、行李提取厅、贵宾区以及配套的业务、商业用房。航站楼室内空间宽敞，标志清晰，风格简约。无障碍设施细致入微，候机环境整洁舒适，既提供了南阳客运事业的发展平台，又提升了南阳的城市形象。

外景

135 郑州南服务区

郑州南服务区位于郑（郑州）尧（尧山）高速公路郑州段。建筑平面呈一字形对称式布局，功能分区明晰合理；建筑采用坡屋顶，主体两翼均设置外廊，廊柱形式由中式传统建筑的柱式演变而来，建筑整体造型现代、简约而又不失古典之韵。

设计单位：郑州大学综合设计研究院

建筑面积：7 800 ㎡

竣工时间：2008 年

2008

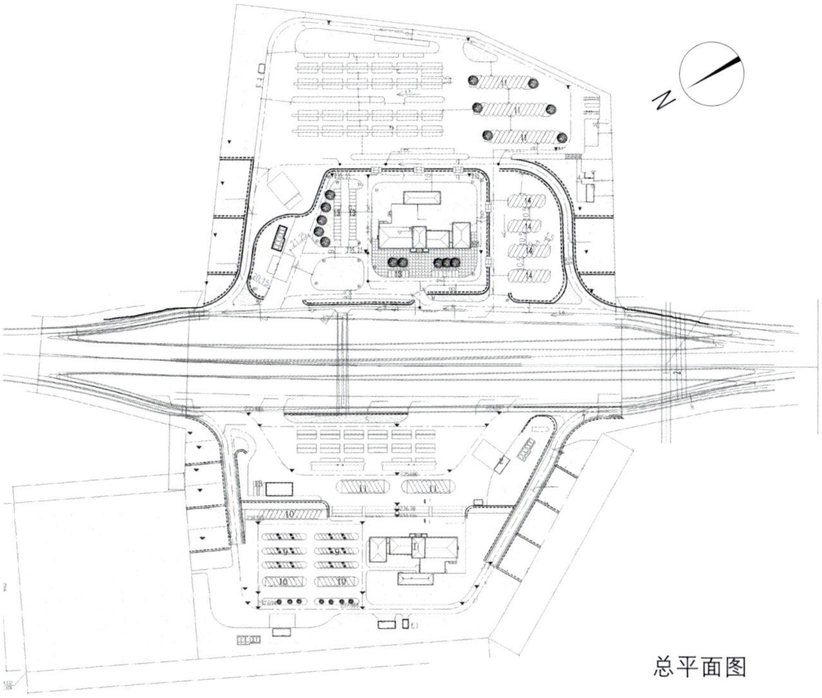

总平面图

外景

136 商城服务区

设计单位：郑州大学综合设计研究院
　　　　　河南省交通勘察规划设计院
建筑面积：4169.18 ㎡
竣工时间：2005 年

2005

商城服务区位于安徽通向河南的沪陕高速叶（叶集）信（信阳）段，是进入河南境内的第一个服务区，服务区为线上式，两座综合楼相对布置靠近主线，并由天桥相连。主楼平面采用分隔式布局，必要时可内部打通。造型以平、坡顶相结合，高低错落，深色花岗岩入口空架，对比强烈，简洁而明快。

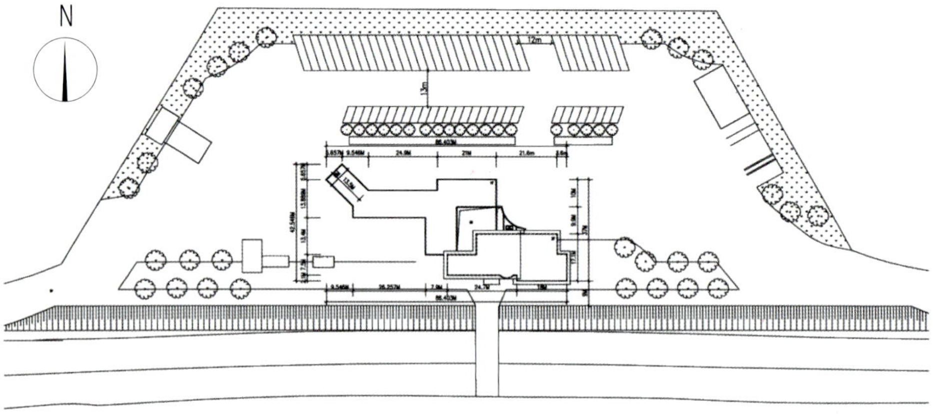

总平面图

外景

137 西华停车区

西华停车区位于大（大庆）广（广州）高速河南西华段，建筑平面为“一”字形，以间隔式划分各部分使用功能，公共卫生间以庭院、连廊连接餐饮与超市，立面采用柱廊波形网架造型，以体现轻盈现代的设计风格。

设计单位：郑州大学综合设计研究院

建筑面积：636.6 ㎡

竣工时间：2008 年

2008

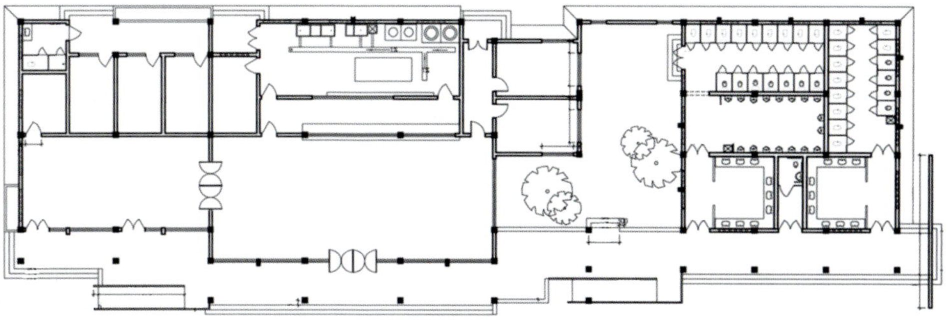

一层平面图

外景

138 新济运营管理中心

新济运营管理中心是以运营管理、职工生活为主要功能的高速公路服务性建筑，其功能还包括所辖地段的全程监控。管理中心以完善的通信、视频设备及时快速地处理在所辖地段的运行安全事故。

设计单位：郑州大学综合设计研究院
建筑面积：7 207.6 m²
竣工时间：2007 年

2007

全景效果图

外景

门厅

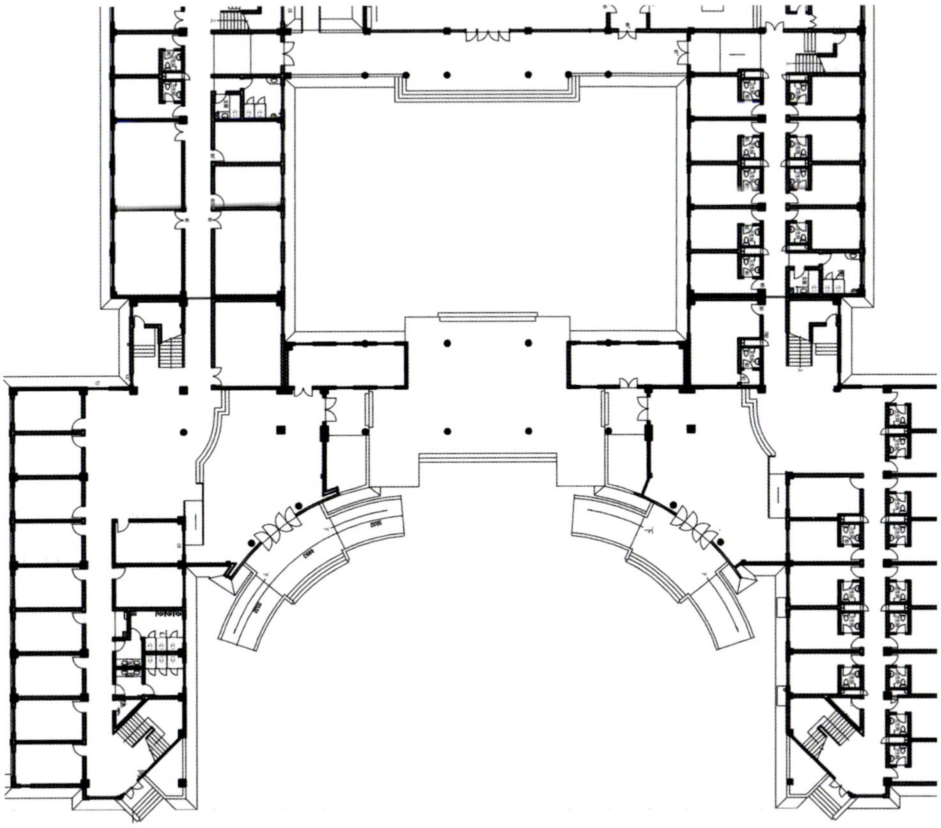

一层平面图

139 河南广播电视塔（中原福塔）

设计单位：同济大学建筑设计研究院

建筑面积：58 000 m²

竣工时间：2009 年

2009

河南广播电视塔（中原福塔）位于郑州市航海东路，占地面积 9.4 hm²。塔身为全钢结构，总高度 388 m，为世界最高全钢结构发射塔。电视塔分为底座、塔身、塔楼、天线四部分，外立面呈双曲抛物线状，结构独特，造型新颖优美。腊梅是河南省省花，塔楼的五瓣腊梅造型谐“五福”之意，因此，河南广播电视塔又称为中原福塔。从空中俯瞰，电视塔犹如五瓣梅花绽放在中原大地上。

塔座

外景

140 郑州市气象局气象雷达站

设计单位：郑州市建筑设计院
建筑面积：7 803 m²
竣工时间：2009 年

2009

郑州市气象局气象雷达站位于郑州市南环路，由天线塔楼和信息处理楼两部分组成。天线塔楼高 90 m，地下 1 层，地上 17 层。地下 1 层为仓库、设备用房，1~2 层为科普展厅，3~5 层为办公用房、展览厅、会议室、新风机房，17 层为雷达机房。信息处理楼总建筑面积为 2 579 m²，建筑高度 12 m，地上 3 层，主要为办公室、会议室及职工餐厅、接待餐厅。气象工作平台（雷达机房）设在第 3 层。裙楼围绕塔楼布局，营造出独特的空间环境。建筑整体造型简洁明快，具有一定的标志性，体现了时代特征。主体宛如三瓣月季花片， 共同构成一朵含苞待放的月季花形。

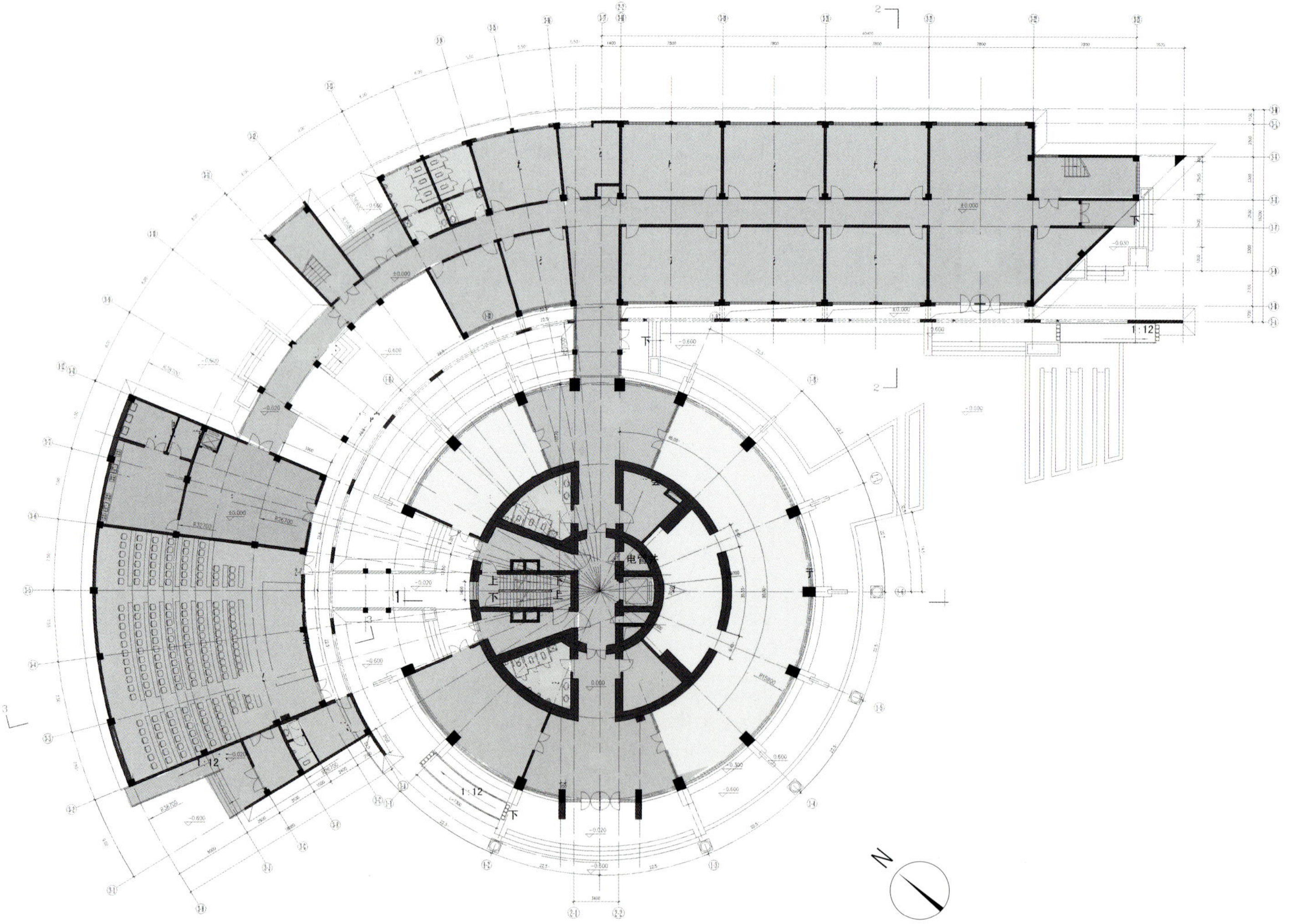

平面图

外景

141 河南移动通信生产指挥调度中心大楼

设计单位：中南建筑设计院
建筑面积：26 100 m²
竣工时间：2004 年

2004

河南移动通信生产指挥调度中心大楼位于郑州市经三路，在总体设计上突出其企业形象，力求成为郑州市地标建筑。两片薄衣似的玻璃幕墙插入建筑主体的中间以及北侧裙楼高达 3 层的柱入口，强化了其独特的企业形象。

裙楼外景

外景

142 郑州邮政综合生产楼

设计单位：河南省建筑设计研究院
建筑面积：54 506 m²
竣工时间：2004 年

2004

郑州邮政综合生产楼位于郑州市紫荆山路，是由郑州市邮政局投资建设的一座集商业商务于一体的现代化综合建筑，地上 29 层，地下 2 层，高 99.8 m。外墙主体以密挑的格栅内衬玻璃幕墙与下层石材挂板在材质、色彩上形成强烈对比，顶部塔架和底部入口既丰富了建筑造型，又不失整体的协调性。

入口

外景

143 河南联通第二长途通信枢纽综合楼

设计单位：中讯邮电咨询设计院
建筑面积：21 000 m²
竣工时间：2007 年

2007

河南联通第二长途通信枢纽综合楼位于郑州市北环路，是继北京亦庄第一长途枢纽机房之后的联通第二大机房（亚洲第二大机房）。综合楼占地面积 7 500 m²，建筑采用三个模组化数据中心的设计概念，地上 4 层，地下 1 层，建筑高度 20 m，层高 4.8 m，为整个 IDC（互联网数据中心）数据中心提供了充足的净空要求。模组的独立功能性使建筑平面可以多样组合，一个楼层最大可以组合为 5 400 m²的大型 IDC 数据中心。

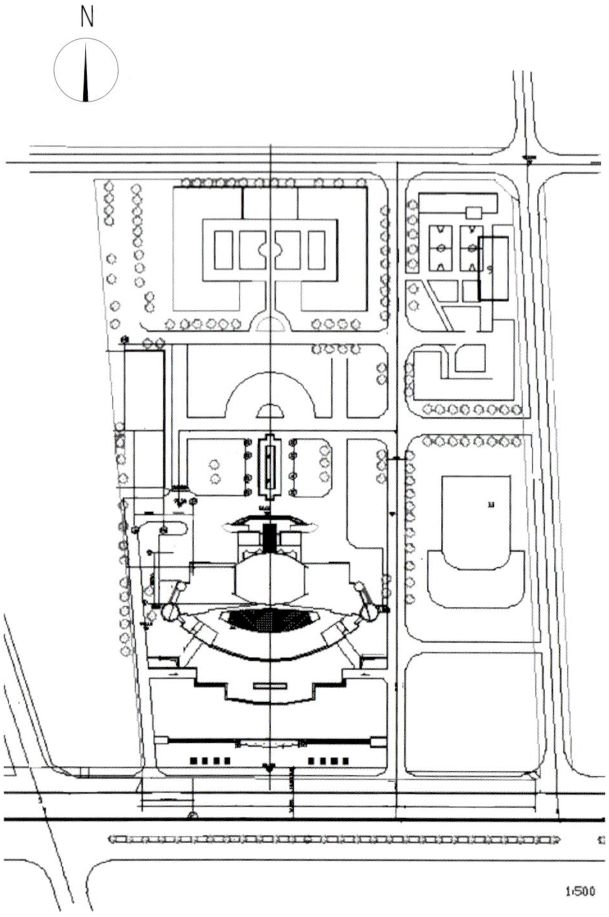

总平面图

外景

144 开封移动通信网管中心大楼

开封移动通信网管中心大楼坐落在开封高新技术开发区金明大道豪德广场西北角，主楼地下 1 层，地上 16 层，建筑高度 90 m。高低错落的体块组合和不同材质的虚实对比，营造出的整体建筑外观犹如一艘巨大的帆船。

设计单位：中讯邮电咨询设计院

建筑面积：21 062 ㎡

竣工时间：2002 年

2002

外景

145 中国联通开封市分公司综合生产楼

设计单位：中讯邮电咨询设计院
建筑面积：27 020 m²
竣工时间：2003 年

2003

中国联通开封市分公司综合生产楼建筑主体 21 层，总高 139 m，建筑造型采用多种对比手法丰富建筑形体：主体下半部实墙与顶部局部玻璃幕墙的虚实对比，表现出电信行业蒸蒸日上的气势和不断进取的良好企业形象；主楼竖向不同材质的色彩对比及顶部体形间的穿插、切割等现代建筑语汇和材料的运用，体现出电信建筑的时代性和高科技性。

外景

146 洛阳龙羽电力大厦

设计单位：机械工业第四设计研究院

建筑面积：39 700 ㎡

竣工时间：2006 年

2006

洛阳龙羽电力大厦地下 2 层，地上 27 层，在平面布局中，大厦结合城市转角地段采用弧形处理与道路相融合，使建筑在各个角度均有连续和多变的内外景观效果；立面以简洁、明快的处理手法，结合舒展的平面创造出大厦的美感和力度。通过多层次的玻璃与实墙面的虚实对比及立面丰富的凸凹变化，创造了多样的形体语言。空间的上升趋势与平面的伸展旋转相结合，形成整个大厦流动、上升、舒展的动态变化。

外景

147 洛阳新区移动通信综合生产楼

设计单位：中色科技股份有限公司

建筑面积：21 770 m²

竣工时间：2007 年

2007

洛阳新区移动通信综合生产楼位于洛阳市开元大道，是一栋集移动通信机房、智能新业务用房与营业、综合服务和办公等功能于一体的综合性移动通信生产大楼。

在设计中强调以人为本的理念、科学合理的布局，创造优雅温馨、高效有序、现代化、高科技的生产、办公环境。功能合理分区，各部分结合紧密，方便管理和使用。车流、物流、人流等流线顺畅，互不干扰。正面采用以竖向为主的框格划分，在建筑高度受制约的情况下增加其垂直体量和气势。

局部

外景

Selected Architecture in Central China Public Architecture in the 21st Century

148 平顶山市广电大厦

设计单位：国家广电总局设计院
建筑面积：55 000 ㎡
竣工时间：2004 年

2004

平顶山市广电大厦为平顶山市广播电视局的主体建筑，是一座集广播、通信（机房）、办公为一体的综合性大楼。建筑为框架结构，高 82.50 m，共 21 层（地上 19 层，地下 2 层）。建筑形体简洁大方，立面以竖向线条为主，与该楼裙房部分形成纵横方向上的对比，显得主体部分更加高大挺拔。主体立面利用柱、梁、窗等不同元素，结合屋顶进行形态上的特殊处理，使立面在满足采光要求的同时更富有变化。

入口

外景

Selected Architecture in Central China *Public Architecture in the 21st Century*

149 濮阳市联通公司营业楼

濮阳市联通公司营业楼位于濮阳市开州路，主体建筑共 22 层。高耸的主体与舒展裙房的墙面分割有序，转角处玻璃幕墙与侧面实墙的处理形成强烈对比，使主楼更显得高耸挺拔。

设计单位：机械工业第六设计研究院
建筑面积：23 000 ㎡
竣工时间：2002 年

2002

外景

150 濮阳新一代气象雷达站

设计单位：濮阳市规划建筑设计院
建筑面积：8 200 ㎡
竣工时间：2004 年

2004

濮阳新一代气象雷达站位于濮阳市黄河路西段，是一座集气象观测、科普、办公、宾馆等功能为一体的大型综合性建筑。它为框架剪力墙结构，共27层，主塔高近100 m，塔顶装有新一代多普勒气象雷达，上部有观景平台和旋转餐厅，1~2 层为近 4 000 ㎡的气象科技馆，为全国气象科普教育基地。该建筑的最大特点是使用功能与建筑形式的完美统一，使之成为龙城濮阳当之无愧的标志性建筑之一。

外景

151 周口市电业局调度通讯楼

设计单位：郑州大学综合设计研究院
建筑面积：23 500 m²
竣工时间：2004 年

2004

周口市电业局调度通讯楼位于周口市太昊中路，地下 1 层，地上 16 层，1~3 层为营业、服务大厅及会议室，4~14 层为内廊式办公用房，15 层、16 层为大空间电力调度大厅。总平面结合功能要求采取轴线对称式布局，建筑两端部弧形楼梯间处理成为建筑造型的亮点，与曲面形体构成呼应关系，使整座建筑端庄大气而不失活泼。

外景

152 驻马店市气象塔

设计单位：驻马店市建筑勘察设计院
建筑面积：12 192 ㎡
竣工时间：2007 年

2007

驻马店市气象塔位于驻马店市乐山大道，占地面积 2.38 h㎡，沿东侧城市主干道布局主入口，并使建筑退后道路红线 80 m，形成与城市空间融为一体的前广场。裙楼呈环形布局，置塔楼于中央。建筑四周设环形消防车道。除广场、停车场外，场地内布置大面积绿化区。同时在主入口处设拼花铺地图案，并在主入口两侧及入口广场中心布置喷泉，以强化主入口的视觉效果。本工程由裙楼和塔楼两部分组成。裙楼 4 层，建筑高度 20.2 m，放射形布置大柱网。底层为科技馆开敞式展览大厅。

外景

九 宗教与纪念建筑

宗教建筑是人类宗教意识、风俗习惯、审美观念、建筑技术的集中体现，在建筑史、文化艺术史中占有重要地位。纪念建筑是指为纪念有功绩的或显赫的人或重大事件，以及在有历史或自然特征的地方营造的建筑。这类建筑多具有思想性、永久性和艺术性，是历史与现实的结合体。

河南是中华民族文化的发祥地之一。长期以来，河南始终在全国政治、经济、文化等方面占据重要地位。繁荣的经济、灿烂的文化给河南留下了丰富的文化史迹。

建筑作为社会文化的一种载体，在社会文化的继承与传播中起着至关重要的作用。与悠久的历史文化相对应，河南的历史建筑遗产非常丰富，其中，宗教建筑与纪念建筑是极具特色的两种建筑类型。河南作为文化大省，21世纪以来随着社会经济的发展，人们对历史文化的关注程度越来越高，政府对历史文化建筑的发掘保护与重建工作也在持续不断地进行着。驻马店汝南县境内的南海禅寺，寺域开阔，工程浩繁，殿堂建筑集中国古代建筑结构和先进的现代建筑工艺于一体，融会了中国古代文化与佛教文化之精华，既宏伟壮观，又典雅别致；洛阳白马寺印度风格佛殿，其土黄色的穹顶，精美的雕刻艺术、美轮美奂的佛像，与中国传统建筑风格的庙宇互为映衬，是中印文化交流的象征，也是中印人民友好的见证；平顶山中原大佛庄严祥和、气势恢宏；鹤壁市云梦山八卦城，设计独特，规模庞大，庄严雄伟，是云梦山景区的标志性建筑之一；郑州黄河风景名胜区的炎黄二帝巨塑，以山为体，浑然天成，融黄河、黄土、炎黄二帝于一体，体现出与大地共生，与山川同在，与日月同辉的雄浑博大的艺术效果。

153 炎黄二帝广场

设计单位：郑州市雕塑壁画院
占地面积：15 hm²
竣工时间：2007 年

2007

炎黄二帝广场位于郑州市黄河风景名胜区的向阳山麓，黄河岸边。塑像以黄河岸边的邙山为基，与山体合一，与大地共生，浑然天成，气势磅礴，巍巍壮观。塑像宽 72.5 m，厚 34.7 m，高 106 m，左边是黄帝，右边是炎帝。炎黄二帝巨型塑像早在 20 世纪 90 年代初已完成了雕塑模型创作，建成于 2007 年。炎黄二帝广场的落成，大大提升了郑州市黄河风景名胜区的旅游品位，吸引大批炎黄子孙前来寻根谒祖，大批国内外游客前来旅游观光。

全景

近景

广场南望

黄塑像 落成庆典

154 开封府

设计单位：开封市建筑设计院

建筑面积：13 600 ㎡

竣工时间：2002 年

2002

开封府是以宋代开封府衙为原型建造的主题文化景区，位于开封市包公东湖北岸，占地面积 3.9 h㎡，是国家 4A 级景点。平面布局以正厅（大堂）、议事厅、梅花堂为中轴线，辅以 50 余座规格不同的殿堂及其围合的庭院。展示主题为府衙文化、传说文化、道教文化、刑狱文化、教育科举文化、游艺文化、府尹人文文化、帝王将相文化和休闲文化等。

全景

府门

内院

衙殿

清心楼

155 白马寺印度风格佛殿

设计单位：印度 AKSHAYA JAIN & RAKA CHAKRAVARTY
机械工业第四设计研究院
建筑面积：3 450 m²
竣工时间：2008 年

2008

白马寺印度风格佛殿基地东西长 100 m，南北宽 60 m，位于洛阳白马寺西侧国际佛殿苑，北侧为已建泰式佛殿，南侧为白马寺镇商业服务区。佛殿坐西向东，为 2 层回廊式建筑，简洁的体形被赋予细腻的印式佛雕；空间处理上以整体内敛的手法，结合不同空间的收放组合，给游人抑扬顿挫的体验，同时可感受到印度原始佛教的庄严。佛殿主体建筑为圆形的大佛殿，其上部为半球形穹顶，下部为 2 层环廊结构，穹顶高 21 m，直径 24 m。大佛殿中央供奉有印度产黄砂岩雕释迦牟尼像，佛像总高 5.3 m。大佛殿顶部安装有玻璃天窗，阳光从天窗透射下去，照射在佛像周围，犹如佛光普照。大佛殿底部环以方形水池，俯瞰大佛殿及水系，犹如盛开的莲花，微波荡漾的水面上，大佛殿宛如佛祖稳坐在莲花宝座上。

内院

大殿

外景

156 平顶山中华刘姓始祖苑

设计单位：河南大学古建园林设计研究院

建筑面积：5 710 ㎡

竣工时间：2007 年

2007

中华刘姓始祖苑（刘累祠）坐落于风光秀丽的昭平湖景区之招兵台山上，是全世界刘姓子孙心中向往的圣地。建筑平面布局由四部分组成，分别为广场、纪念馆、会馆和始祖殿。建筑风格为仿清代建筑形式，建筑单体以一层为主。通过 10 000 ㎡花岗岩广场，由台阶垂直而上，经石质牌楼到达甬道。甬道东侧为纪念馆，建筑面积 1 010 ㎡，悬山山门、悬山二殿及歇山大殿沿主体中轴线依次排列，并由两侧回廊组成二进院落，表现了一定的纪念性氛围。整个建筑群主次分明，依山就势，井然有序。建筑群体面临昭平湖水库，波光粼粼，碧水荡漾，建筑物倒映其中，美不胜收。

山门

始祖殿

刘氏会馆

157 平顶山中原大佛

设计单位：福建兴胜林氏精艺雕塑工作室
华东设计院
建筑面积：14 000 ㎡
竣工时间：2008 年

2008

平顶山中原大佛位于河南省鲁山县境内尧山东麓景区，佛身为金属结构，基座为钢筋混凝土框架结构，是世界第一高露天铜铸立佛像，大佛法相庄严，体魄伟岸，仪态端美，金光闪闪，象征佛光普照中州大地。大佛有完整的说法手印：左手是施愿印，取福佑众生，愿众生福慧圆满之意；右手是拈花说法印，意为拈花说法示众生，开启众生之智慧。莲花座共有 108 个莲花瓣，分为 5 层，上三下二，中间有 36 幅飞天图。金刚座上部为飞天造型，其下四周为佛龛，共有 6 666 个，正南下部为进入金刚座内厅的大门。金刚座内部有 2 层，每层 9 个殿，3 个拜佛台，装饰华丽堂皇，每个殿都供奉着不同的佛菩萨，有彩绘的佛教故事，信众可根据自己的爱好和需要，在不同的殿做佛事活动。中原大佛由须弥座（高 55 m，分为 2 层，占地 1. 5 h㎡）、金刚座（高 25 m，钢筋混凝土结构）、莲花座（高 20 m，金属结构）、大佛净身（高 108 m）四部分组成，总高 208 m。塑佛像耗材黄金 108 kg，铜 3 300 kg，钢 15 000 t。

大佛正面

局部

莲花座

158 鹤壁市云梦山八卦城

建设单位：台湾人间净土功德基金会暨台湾鬼谷子学术研究会

建筑面积：1 000 ㎡

竣工时间：2009 年

2009

鹤壁市云梦山八卦城位于云梦山景区东部，山顶草原西侧，由台湾人间净土功德基金会暨台湾鬼谷子学术研究会投资 4 亿元人民币兴建。为体现中国传统文化和古典智慧，建筑整体布局依据中国传统易学八卦图案， 将院落围合成一个正八边形，配房和正殿紧密相连。八边形庭院依照中心八卦图案被分成八个部分，以松柏为界限，使院落充满灵性又不失庄重。八卦城鬼谷子大殿，雕梁画栋，融汉代和日本建筑风格于一体，显得庄严肃穆，气势恢宏。

正殿外景一

正殿外景二

南天门

159 商祖祠

设计单位：河南省古代建筑保护研究所

占地面积：26.4 hm²

竣工时间：2006 年

2006

商丘是商汤最初的居住地，是商王朝兴起的地方，所以素有“三商之源”的说法。商祖祠建筑群位于商丘市燧皇陵景区，是以纪念和弘扬“三商文化”为主题的一个文化景区，由三商之门、富商大道、商海、万商广场、王亥像、巨型钱币、商祖殿、三商大道、花戏楼、阏伯台、诚信九鼎、商德碑等部分组成，占地面积 26.4 hm²，2006 年和 2008 年两届国际华商文化节在此举行。

三商之门是商祖祠建筑群的正门，位于景区南部。大门高 15 m，由三个变形甲骨文“商”字组成，组成“商”字的三只玄鸟寓意“玄鸟生商”，象征商丘是商部落的肇兴地、商业的发源地、商朝的建都地。进入三商之门是富商大道，宽 9 m，长 198 m，其中币道宽 5 m，由古田青石刻制的夏商周至元明清各朝代钱币铺成，共 19 组，260 余种，4 600 余枚，堪称中华古钱币的一部具象通史，又是一部古文字演变史。万商

全景

广场呈正方形，面积 8 100 ㎡，可容纳万人集会。它由天然红砂石铺成，上刻甲骨文、钟鼎文、大篆、小篆、隶书、楷书、行书、草书等历代名家书写的“商”字 19 770 个，寓意是万商云集，一心归商。商祖殿，又名王亥殿，仿汉建筑，重檐歇山式，高 16 m，进深 16.8 m，面阔 7 间，是祭拜华商始祖王亥的重要场所。商祖殿西侧为财神殿，是为文财神比干所建；商祖殿东侧为关帝殿，是为武财神关羽所建。两殿均为仿汉建筑，高 9.8 m，进深 10.8 m，面阔 3 间。商祖殿前的两边巨碑是商德碑，高 5.4 m，二龙戏珠碑帽，赑屃座由优质古田青石刻制而成。二碑左右分立，碑阳分别阴刻小篆“诚信”“仁义”，并各附有四句诗，是对“诚信” 和“仁义” 的诠释。“诚信”碑阴刻有《三商颂》，“仁义”碑阴刻有《商颂》。商德碑是对商祖王亥商德的颂德碑，也是昭示后人尊奉王亥商德的昭示碑和警戒碑。

三商之门

门阙

商祖王亥铜像

Selected Architecture in Central China *Public Architecture in the 21st Century*

160 汝南南海禅寺

占地面积：19.8 hm²

竣工时间：2009 年

2009

南海禅寺位于汝南县城东南隅，平面为传统殿宇楼阁严谨对称布局，轴线分明，层次递进。山门内长 500 m、宽 20 m 的甬道上，自北向南依次排列按 12 姻缘、12 菩萨建筑的 12 座花岗岩牌坊。南海禅寺东北部的白圣长老舍利塔，融我国古代建筑艺术与东南亚现代建筑风格于一体，高大雄伟，典雅别致。主体建筑大雄宝殿平面为边长 80 m 的正方形，号称“亚洲第一殿”。大雄宝殿花岗岩台基上雕刻的五百罗汉，集全国 20 多处罗汉堂之精华，聚优秀雕刻工艺于一堂。天王、观音、文殊、普贤四大配殿，三重飞檐、高大雄伟，工程浩繁，可与全国现有佛教圣地同类建筑相媲美。院内藏经楼设计独特，珍藏着古今中外多种版本的佛教经典。

全景

北山门

大殿

十二牌坊

世纪钟楼

十 宾馆与旅游建筑

宾馆建筑，尤其是大型酒店建筑，不仅容易成为城市形象中的焦点，也是展示其社会文化活动的窗口，是当地经济发展和社会文明的一种标志。河南天地粤海酒店、开封开元名都酒店、洛阳钼都利豪国际饭店、栾川县伊水湾大酒店等，建筑功能趋于扩展性与综合化，拥有现代化的豪华设施和完美的功能，建筑造型兼具形象性与文化性、时代感与环境意识，其处理手法或采用中国传统的建筑风格，或采用现代建筑时尚简约的风格，突出顶部、底部造型，注重采用先进技术和新型材料。可以看出,河南省各地市的服务业建筑均受当地的文化、艺术、建筑思潮的深刻影响，在某种程度上可以说是时代精神在各地的窗口。

旅游建筑是指具有文化积淀和观赏价值的建筑物，是由自然和人文多种因素组合而成的。河南地处中原，历史文化源远流长，有着丰富的人文和自然旅游资源。随着旅游事业的发展，许多地区已把旅游摆到了第三产业的主角地位。开封金明池公园再现了皇家建筑的恢宏大气和“金明池”风景出尘寰的盛世美景。这些优秀的旅游景观在创作设计中，善于把握现代社会人们希望通过旅游去认知历史、贴近自然、追求雅趣、增长知识的心理需求，挖掘自然的奇特与个性，把建筑创作的精华融入旅游景观之中，使人们在休闲中得到充分的精神享受与物质满足。

161 绿地广场（郑州会展宾馆）

建设单位：河南绿地中原置业发展有限公司
设计单位：美国 SOM 设计事务所
上海华东建筑设计研究院
建筑面积：250 000 ㎡
设计时间：2010 年

2010

绿地广场（郑州会展宾馆）位于郑东新区 CBD 中央公园内，与会展中心、艺术中心相临，占地 29 181.7 ㎡，地下 4 层，地上 60 层，裙房地上 4 层，总高度 280 m，是集国际名品商业、5A 甲级办公、五星级酒店、观光旅游、顶级私人会所于一体的 CBD 核心城市综合体。

绿地广场（郑州会展宾馆）的外观为中国传统的六棱塔状，设计灵感来自于我国现存距今已有 1 400 多年历史的嵩岳寺塔。设计方案正是从该塔的造型及其代表的传统文化内涵中提取概念并通过现代技术手段实现的。节节攀升的外部造型颇像竹笋，以竹笋节节拔高和垂直向上的形象，体现郑州蒸蒸日上的活力与精神气势。

在建筑本身的规划设计上，采用八边建筑体，寓意八卦通乾坤，呼应 CBD 太极吉祥格局，层数“60”暗合圆满甲子、财富循环亨通，外遮阳板匀分为 12 节，对应 12 地支，每节 5 层，衍生五行风水。

在外立面设计上，采用独有的遮阳格栅，既彰显美观，又具有高效遮阳功能，节能防火效果独特；硬件配套上，配备 28 部高速电梯、2 部观光层电梯、5A 智能系统、独立区域安防等，实现商务办公与娱乐休闲于一体。

全景

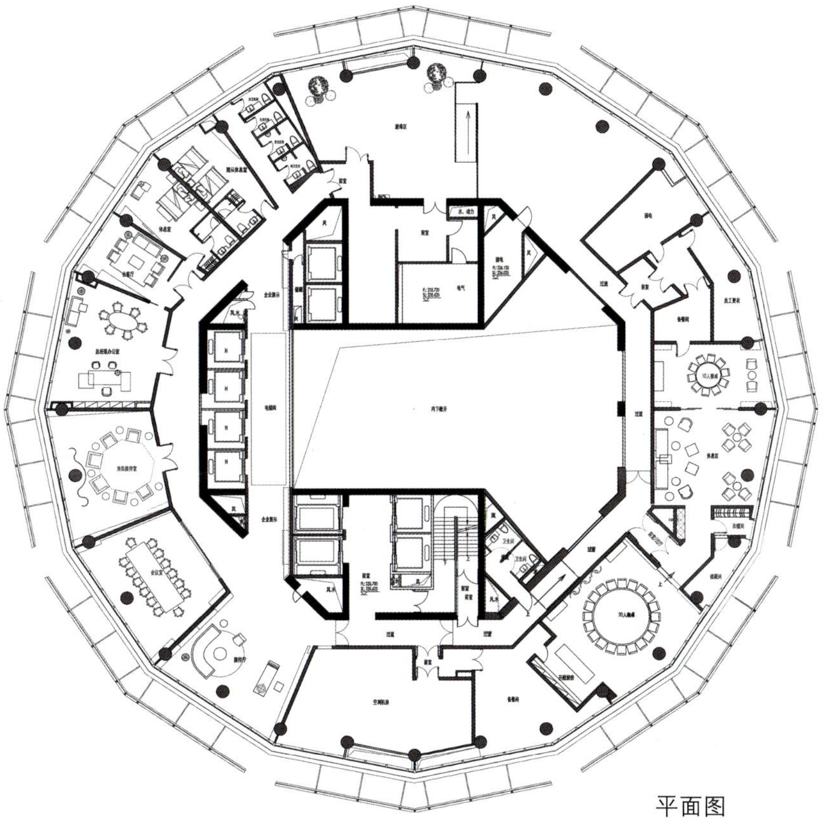

平面图

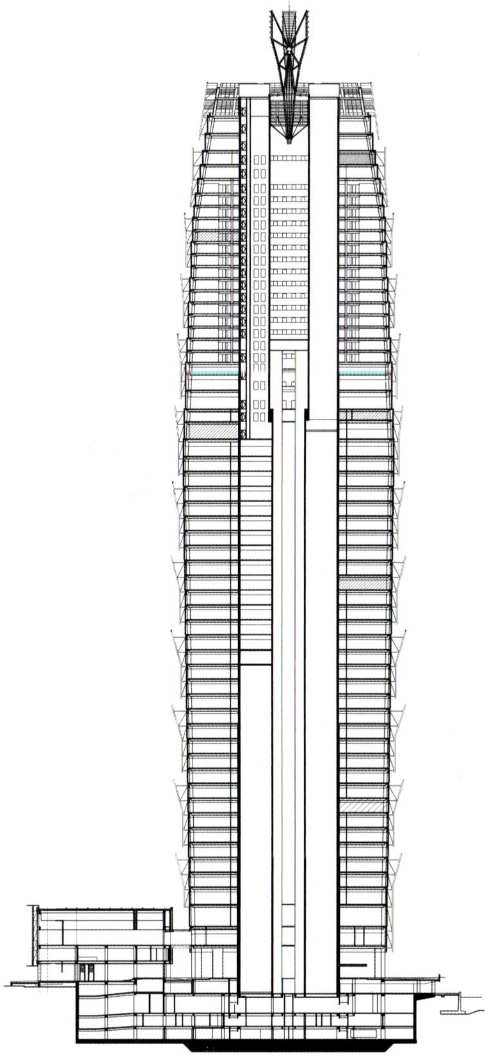

剖面图

西北向外景

局部

西向外景

大堂一角

电梯入口

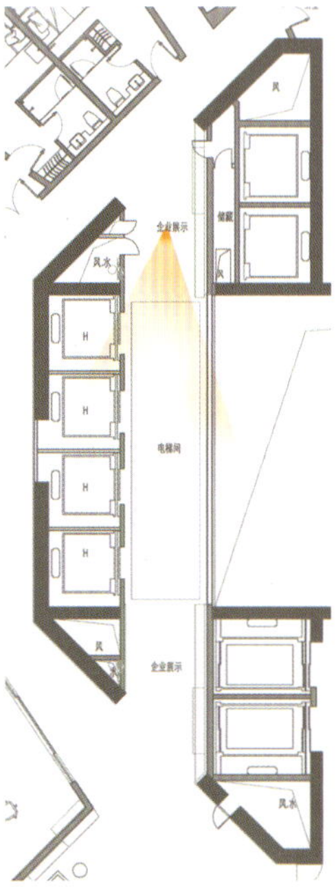

电梯厅效果图

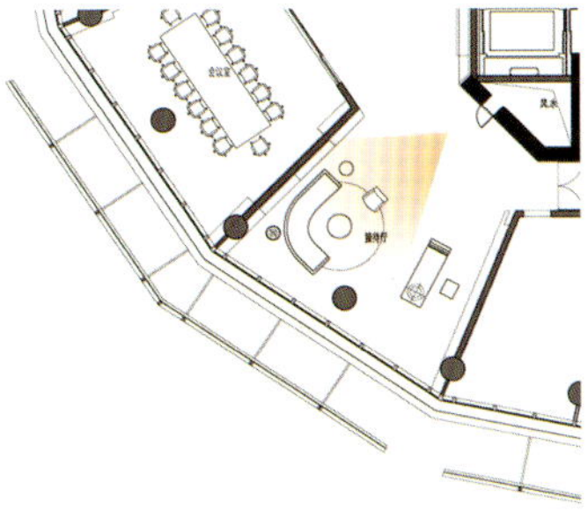

接待区

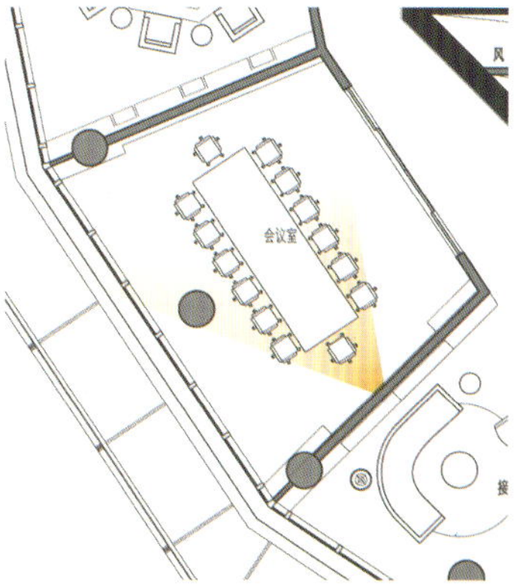

会议室

贵宾接待室

牡丹石背景及造型装饰

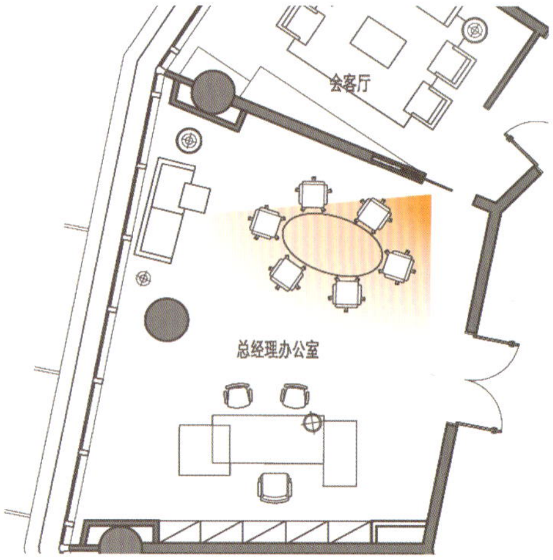

办公室

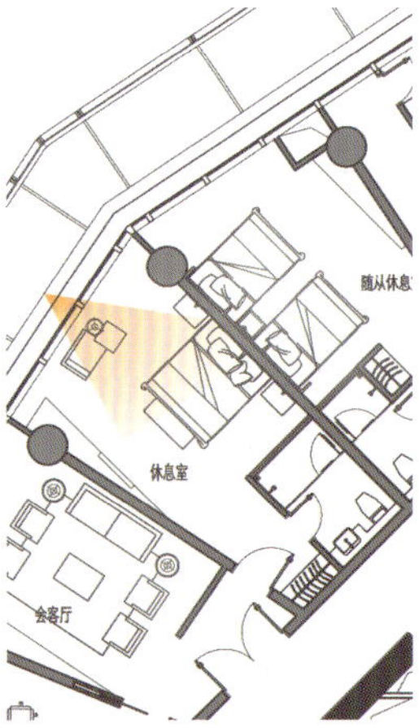

休息室

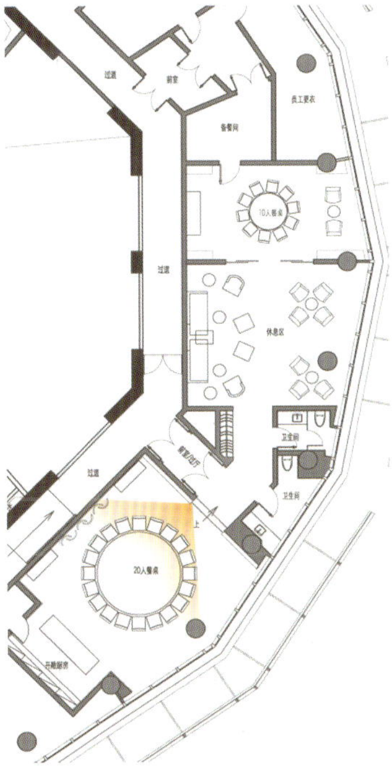

大包房

餐厅休息区

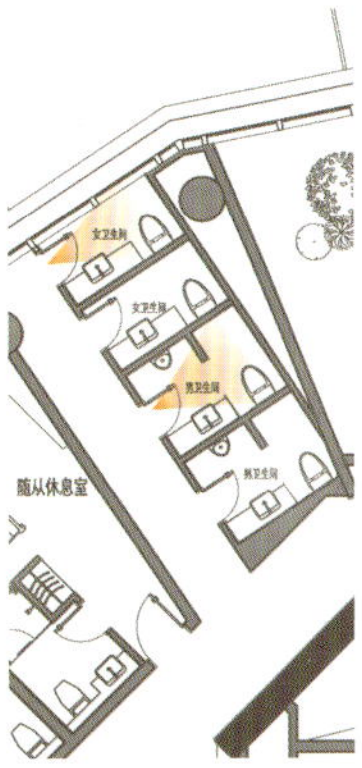

女卫

男卫

162 禅宗少林·音乐大典实景剧场

设计单位：河南省城市规划设计研究院
建筑面积：13 000 ㎡
竣工时间：2006 年

2006

禅宗少林·音乐大典实景剧场景点及服务中心位于登封市西北少室山东部山脚下的待仙峡沟口处。少室山环山旅游专用公路从其中部穿过，交通十分便利。

在设计中综合考虑实景剧场景点与服务中心的关系，以建筑规模最小化为原则，形成“一轴、六区”的总体布局结构。环山旅游公路以西为实景剧场，以东为服务中心。由待仙溪和东西方向道路组成的功能轴、景观轴串接核心观演区、禅境观光区、玩赏售卖区（禅街）、游客中心区、观光服务区和办公服务区六个功能分区，总建筑面积 13 000 ㎡。景区内建筑以禅宗风格为主，特点是使用精致的木材，不加色彩装饰，雕刻细腻，线条柔和，屋顶坡度陡，檐口上翘。建筑外形优美均衡，给人以洒脱感。

外景

N
0 20 40 60 80 100M
方丈松风
田园花海
舞台
舞台
观众席
禅道馆
禅食馆
禅居馆
嵩石传音
水乐禅径
禅宗石语
游客中心
月光禅林
禅
街
N

总平面图

演出实景一

演出实景二

全景效果图

效果图

模型

163 中共河南省委第二招待所

设计单位：郑州大学综合设计研究院
建筑面积：11 000 ㎡
竣工时间：2003 年

2003

中共河南省委第二招待所位于郑州市金水路，采用传统的庭院空间组合手法，将不同功能的使用空间通过院落组织在一起， 较好地体现了空间的有序性、内向性、模糊性。在布局上保留了五棵 50 年树龄的银杏树，虽是设计的制约条件，却提供了良好的视觉条件与绿化基础。大厅回廊采用预应力钢筋混凝土悬挑结构，避免了柱支撑，使内部空间宽敞无阻。

入口

局部

大厅

164 江南春温泉度假酒店

建设单位：河南翰荣旅游产业投资有限公司
建筑面积：54 420 ㎡
竣工时间：2009 年

2009

江南春温泉度假酒店位于黄河南岸桃花峪旁，与桃花峪自然风景区、三皇山自然风景区、炎黄二帝风景区、楚汉古战场风景区为邻，并与“黄河大观”隔路相望，有一条天然河流横穿度假区东西方向。规划总占地面积约 340 h㎡，建成后江南春温泉客房总量达到400余间，温泉日接待量可达3 000多人。整个景区设有露天温泉、餐饮、客房、会议中心、室外拓展、水上娱乐场、跑马场、射箭场、滑雪场、滑草场、真人 CS 对抗等众多服务娱乐设施。

江南春温泉度假酒店主建筑以江南风格为主，按照国家四星级标准建造，室外温泉景区按国家 4A 级标准建造，江南春温泉是以温泉养生为主题，以江南风格为特色，以道家思想为底蕴，以生态美食为亮点，以追求健康愉悦的生活方式为宗旨的综合性温泉度假景区，也是目前中原地区占地面积最大、娱乐项目最丰富、档次最高的温泉度假区。

水上娱乐设施

象山蓬莱池

酒店 1 号楼正门全景

江南密语汤屋

高空速滑水道

养生沐汤区汤池

四季恒温室内游泳馆

沙滩

桃花瀑布泉

名亭沐汤区夜景

采莲轩餐厅

Selected Architecture in Central China *Public Architecture in the 21st Century*

165 河南天地粤海酒店

设计单位：大连市建筑设计研究院有限公司
建筑面积：88 120 ㎡
竣工时间：2007 年

2007

河南天地粤海酒店位于郑州市农业东路，由主、附两楼组成，主楼为行政办公楼，高 17 层，附楼（塔楼）高 25 层，客房总数 261 间（套），有标准、商务、行政各类房型 。主楼与东侧塔楼通过弧形裙楼连成整体。

建筑形态上取一横一竖形成对比，并有弧形裙房穿插于上部门洞造型连成整体，加强了城市街道空间的渗透与层次。墙面处理相互呼应，简洁、端庄、大方。

西北向外景

SKY-LAND GDH HOTEL

入口

SKY-LAND GDH HOTEL
中国工商银行

局部

SKY-LAND GDH HOTEL
24h 自助银行服务
ICBC 中国工商银行

东北向外景

166 郑州植物园展览温室

设计单位：郑州市园林规划设计院
南京市民用建筑设计研究院
建筑面积：6 280 m²
竣工时间：2008 年

2008

郑州植物园展览温室位于郑州市西四环，是建筑中的花园，也是花园中的建筑。它用先进的计算机模拟自动控制系统，对室内的温度、湿度、通风、光照进行调节，运用喷雾灌溉、清洗、自动火灾报警、保安、监控、电视科普等手段，既保证了植物生长的条件，又为游人观赏创造了良好的环境。温室寓古代钟形之意，与带柱廊的侧展厅组合，成为植物园的主要景点，形式简洁、明晰并具现代感。作为教育文化设施，温室在保证科研、展览的同时又兼具美化、绿化城市的功能。

西南向外景

大门

局部

西北向外景

167 开封金明池公园

设计单位：开封市建筑设计院

建筑面积：12 000 ㎡

竣工时间：2005 年

2005

历史记载“金明池”是北宋时期景色优美的皇家园林。为弘扬开封古都的历史文化，金明池公园于2000年在开封市西郊“金明池”遗址开建，并于2005年建成对外开放。公园占地面积约33 h㎡（其中水面16.5 h㎡），主要建筑参照宋《营造法式》的做法。主体建筑宝津阁为歇山多层重檐高台建筑，高49 m；水心殿为方座圆基、重檐十字脊；临水殿为重檐歇山顶。金明池公园水系北起清明上河园、南至包公湖，南北长1 300 m。公园以水系为纽带，以酒楼、戏楼及传统民居结合亭、廊、桥、榭等临水建筑有机组合，形成富有地域文化特色的现代旅游休闲度假区。

宝津楼外景

西向园景

宴殿外景

全景

168 开封开元名都酒店

设计单位：美国 WATG 公司
美国贝尔高林公司
建筑面积：54 000 m²
竣工时间：2007 年

2007

开封开元名都酒店位于开封市郑开大道，坐落于著名的北宋皇家园林金明池原址，北邻郑开大道，西连规划中的汴西湖生态景观带，是一座集住宿、餐饮、娱乐、商务、旅游于一体的五星级会议度假型酒店，共有 355 间豪华全景客房。建筑布局采用舒展而分散的庭院式，结合三面环水的基地，使客房得到具有良好的景观与视野。多重形式的坡顶组合，淡雅的色彩搭配，配以辽阔的水面景观，大大提升了酒店的品位。

全景

西南向外景

169 洛阳钼都利豪国际饭店

洛阳钼都利豪国际饭店位于洛阳市开元大道，是一座五星级酒店，占地面积1.89 hm²。建筑裙房和塔楼平面均为长方形，既不影响使用功能，同时又节省了建筑造价。高低搭接的弓形塔楼与波形屋盖的基座（裙房）喻意“巨轮扬帆远航”。

设计单位：中机十院国际工程有限公司
建筑面积：42 320 m²
竣工时间：2008 年

2008

西南向外景

西北向外景

170 栾川县伊水湾大酒店

设计单位：机械工业第四设计研究院

建筑面积：26 000 ㎡

竣工时间：2007 年

2007

栾川县伊水湾大酒店位于栾川县伊水路，由一座综合楼和三座贵宾楼组成，餐饮部分接待区占地面积 1 800 ㎡，设有 350 个车位的生态园林式停车场。酒店除宽敞、典雅的接待大厅外，餐饮、商务配套服务设施齐全，设有标准间 123 间、单人间 48 间、套房 49 间。建筑在外部造型上使用高低错落的坡顶、粉墙黛瓦，结合园林绿化，营造出良好的环境。

全景

入口夜景

171 平顶山佳田国际大酒店

设计单位：深圳左肖思建筑师事务所

建筑面积：29 000 ㎡

竣工时间：2006 年

2006

平顶山佳田国际大酒店位于平顶山市建设路，是一座综合型智能化商务酒店。建筑主体结合地形，在路口交叉处进行圆角处理。立面整体以大片玻璃和金属材料进行造型处理，极富现代感。在局部运用竖向线条，使建筑物立面变得丰富，同时也衬托出建筑主体的挺拔高大。

外景

大堂

休息厅

172 焦作净影山庄

设计单位：郑州大学综合设计研究院
建筑面积：6 800 ㎡
竣工时间：2009 年

2009

净影山庄位于风景优美的世界地质公园云台山风景区的核心区，坐落于景区内一个天然形成的百亩盆地之中，山庄山环水绕，四周峰峦叠翠，与千年净土圣地净影寺毗邻，是一个集休闲、食宿、娱乐于一体的三星级酒店。

净影山庄依山而建，整体建筑形态结合传统民居形式和现代建筑特点，平面为庭院式布局，顺应山势地形，错落有致。

外景

全景

内院

173 济源世纪酒店

设计单位：北京莫尔莫建筑设计有限公司
建筑面积：12 000 m²
竣工时间：2008 年

2008

世纪酒店位于济源市沁园路，原是济源市移民局于 20 世纪 90 年代末建造的新世纪大酒店，2007 年，将建筑外立面更新改造为新颖的现代风格，提升了济源的城市形象。在造型上，间隔而连续的圆拱门廊与上部多层在体量、窗形、色彩上的对比，调整了相互间的比例与尺度而得到新的视觉效果。

外景

入口门廊

174 许昌鄢陵花都温泉

设计单位：北京达沃斯颠峰旅游规划设计院
广东中建设计有限公司
建筑面积：57 792 m²
竣工时间：2006 年

2006

花都温泉位于许昌市鄢陵县陈化店镇西，以陈化店镇丰富优质的矿泉水为依托而建设，占地面积 68 hm²，是许昌市政府重点开发的集室内温泉和大型野外汤池、品茗餐饮、客房会议、保健养生、休闲娱乐为一体的旅游项目。花都温泉有以客房为主的水景楼和以餐饮为主的观景楼各一座，建筑交相呼应，功能合理。配合总体布局进行景观设计，赋予游客在瑞草芳香、绿水环绕中不同的精神享受。

外景一

外景三

外景二

175 福森半岛假日酒店

设计单位：郑州大学综合设计研究院
建筑面积：23 251 ㎡
竣工时间：2010 年

2010

福森半岛假日酒店是福森药业集团为适应大观苑景区旅游发展需要在南阳市淅川县丹江大观苑建设的五星级宾馆，共10层，有客房200余间，裙房部分除公共大厅接待、服务设施外另设300人会议厅、中西餐厅、宴会厅以及健身康乐设施、室内外游泳池等。内部分区明确，流线清晰，设施完善。基地位于山巅，东西两侧山坡较陡，平面采用了折线形，既适应了基地情况，又避免了一字形的单调体块，开阔了视野。餐厅的大平台以及南北客房的观光平台，水平线的划分开敞而舒展。极目眺望丹江水库，碧波、绿荫、山峦起伏，美景尽收。在造型上一侧做斜面处理并采用孟莎式屋顶，半圆形老虎窗点缀其中，加上突出的主次楼梯间造型，丰富了天际轮廓线，具有一定的视觉冲击力，加深了人们的形象记忆。

北向外景

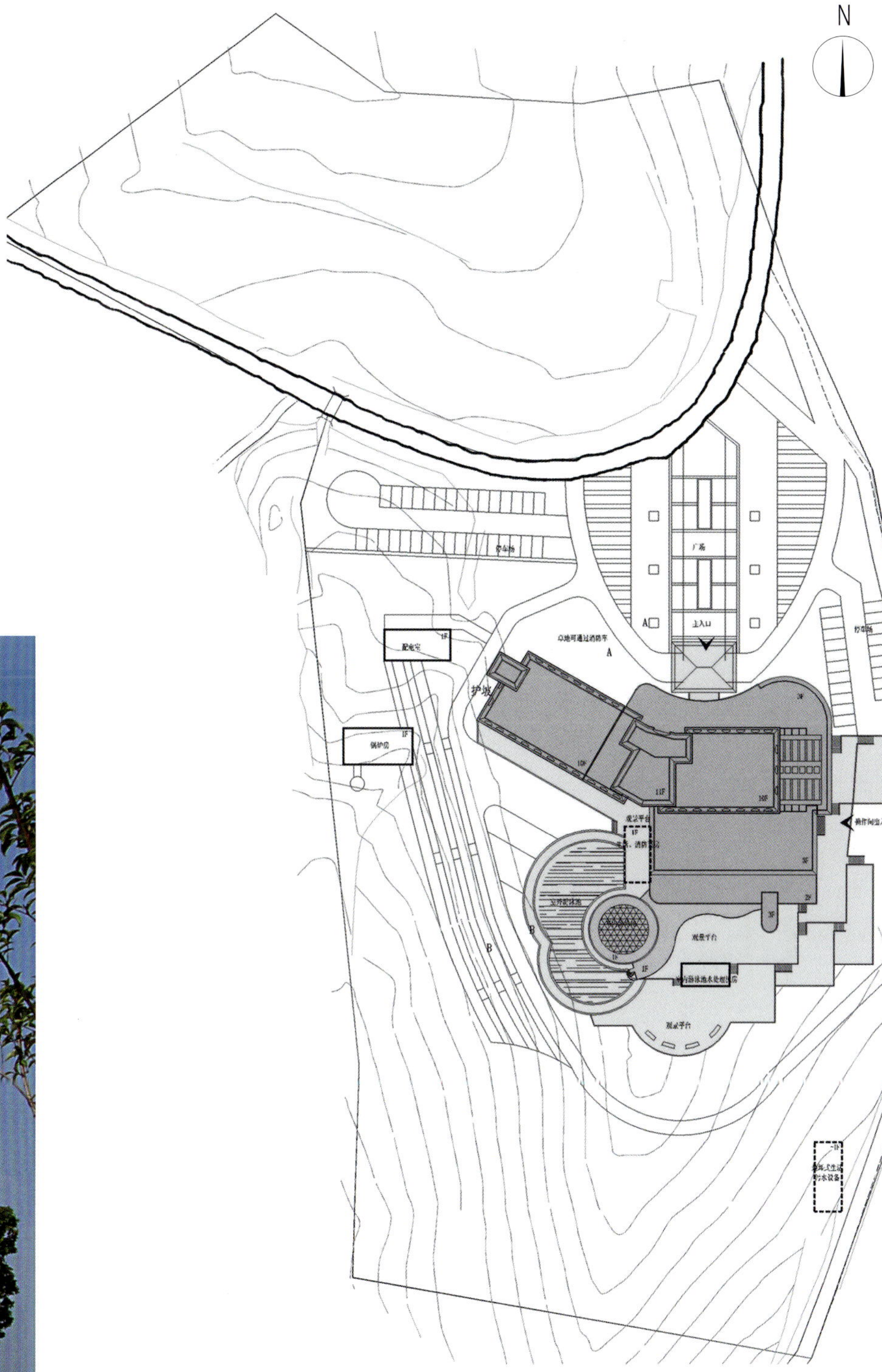

总平面图

南向外景

大堂

176 奥帕拉拉水公园

建设单位：河南中原商贸城开发有限公司
占地面积：12 hm²
设计时间：2010 年

2010

奥帕拉拉水公园位于郑州市的后花园——荥阳市豫龙镇，规划总占地面积 12 hm²，日接待游客量可达 1.5 万人次。项目有十多种省内第一、国内罕见的水上娱乐设备，拥有面积达 20 000 m²、浪高达 3 m、采用最先进真空造浪技术的大型海啸池；全国首创 6 人同乘的巨龙滑道；长达 1 000 m 的漂流河；直径近 20 m 的魔兽碗和龙卷风；总长超过 220 m 的水上过山车等水上游乐设备。

另外，还引进了潮汐河、飞碟梭、万丈深渊、急速滑道组合、滑板冲浪、童梦奇缘以及全国最新的、能同时容纳 2 000 人游玩的大型互动水寨等设备，其中多项设备创下河南省乃至全国的纪录。融汇了多种世界顶尖设备和精彩节目表演的奥帕拉拉，是华中地区最大、最丰富、最好玩的水上游乐项目。

水公园实景

魔兽碗、飞碟梭设备

五冲程水上过山车设备

龙卷风设备

后记

本书的编写按时间大体分为三个阶段。第一阶段组建编委会及资料初选。2009年12月底，召开了全省编纂工作会暨研讨会，确定了优秀建筑和精品工程的入选原则和标准、图书框架和编写体例要求。第二阶段汇总初选建筑实例资料，由各地市建设规划管理部门负责资料收集，并报送各地市相关管理单位进行初选。2010年3月初各地市相关部门和规划院负责人按要求陆续报送了初选建筑实例资料。第三阶段确定编选实例，由省直相关领导、专家、郑州大学建筑学院部分教师组成执行编委会，对全书的总体结构、编写体例等进行了多次研讨，进一步深化了实例内容、选取原则和标准。本书编委会在全面分析研究的基础上编著成稿。

在编纂过程中，执行编委会对报送建筑实例进行了分类整理、筛选平衡。其中许继清负责开封、商丘、周口地区的实例部分；韦峰负责洛阳、平顶山、南阳地区的实例部分；贾新锋负责新乡、安阳、焦作地区的实例部分；汪霞负责许昌、漯河、驻马店、信阳地区的实例部分；张建涛和刘文佳负责郑州地区的实例部分。张建涛和罗丁负责各地区工作成果的汇总和总体编写工作。

在编写和汇总过程中，对建筑实例的查漏补缺也是一项繁重的工作，包括建筑实例的档案材料、文字补充和实地补拍照片。补拍照片有时间上的要求，除了上述分管地区的编委会成员实地调研以外，我们还邀请了一些有建筑专业的大学相关人员协助工作。这些人员是河南大学土木建筑学院李丽教授、河南工业大学土木建筑学院王薇教授、华北水利水电学院建筑学院张新中教授和张少伟教授、河南理工大学建筑与艺术学院陈兴义教授、河南科技大学建筑工程学院叶莘教授等。

建筑实例的分类依据通常的公共建筑分类标准、各类型实例数量的多少以及标题格式的统一性原则，分为文化博览建筑、教育科研建筑、行政办公建筑、商务金融建筑、医疗卫生建筑、商业建筑、体育建筑、交通与通信建筑、宗教与纪念建筑、宾馆与旅游建筑十个类型。

本书所选的实例照片，主要由各地市相关部门和规划建设部门及各编委提供。其中几个项目：河南理工大学新校区的照片由杨建堂拍摄，焦作市会议中心、焦作市第一中学新校区、焦作市人民政府办公楼的照片由尚冠卫拍摄，济源市文化城、济源市城市规划展览馆、济源第一中学新校区、济源市沁园中学、济源世纪酒店的照片由梁婷婷拍摄，焦作净影山庄的照片由刘龙拍摄。

本书的完成应当感谢关心、支持、帮助本书编写的河南省政府、河南省住房与城乡建设厅、各地市相关部门和规划建设部门及其相关领导、专家，感谢河南省土木建筑学会及其相关领导和工作人员，感谢河南科学技术出版社的编辑，感谢郑州大学建筑学院团委和资料室的王小兵、陈艳丽，以及为本书做了大量具体工作的研究生李昂、郑聪、张茹、朱岑岑、于洋、张慧若、熊文玉、孙乐萍、贺栋、赵凯、崔伟、刘清泉、邱晨、李炳男、仝非非、刘潇衍、王萌、王绪、张宏昌、王金根等。

本书编委会